New Urbanization Planning Series 新城镇化规划丛书

住宅

规划设计资料集

Residential Planning & Design Collection

佳图文化 编

低密度住宅卷

2

中国林业出版社

图书在版编目（CIP）数据

住宅规划设计资料集 . 2, 低密度住宅卷 / 佳图文化编 . -- 北京 : 中国林业出版社 , 2014.6
ISBN 978-7-5038-7474-1

Ⅰ . ①住… Ⅱ . ①佳… Ⅲ . ①住宅—建筑设计—世界—现代—图集 Ⅳ . ① TU241-64

中国版本图书馆 CIP 数据核字 (2014) 第 090729 号

中国林业出版社·建筑与家居图书出版中心

责任编辑: 李 顺 唐 杨

出版咨询: (010) 83223051

出 版: 中国林业出版社 (100009 北京西城区德内大街刘海胡同 7 号)

网 站: http://lycb.forestry.gov.cn/

印 刷: 广州市中天彩色印刷有限公司

发 行: 中国林业出版社发行中心

电 话: (010) 83224477

版 次: 2014 年 6 月第 1 版

印 次: 2014 年 6 月第 1 次

开 本: 889mm×1194mm 1 ／ 16

印 张: 15.5

字 数: 150 千字

定 价: 248.00 元

Development, Planning and Design Elements on Low-density Housing
低密度住宅开发与规划设计要素

在我国，住宅郊区化已成为一种趋势。低密度住宅作为提高居住品质的重要住宅类型之一，无论在郊区还是历史文化保护区的旧城改造中都将成为主流。虽然容积率是其最重要的指标之一，但对低密度住宅的理解不应仅流于形式和概念，而需从细节着手进行深入研究，真正创造出可持续性发展的、以人为主体的居住模式。同时，合理解决居住的舒适性与城市用地紧张之间的矛盾，达到改善城市景观、提高居住质量并保证开发商经济利益等三方的共赢。

目前我们所谈到的低密度住宅，更多是房地产界和媒体一种约定俗成的界定，通常认为容积率在1.2以下的住宅区属于低密度住宅范畴。其建筑形式根据容积率的不同表现为独立别墅、联排别墅、叠拼别墅、四五层的花园洋房等。在当前土地资源稀缺的国情下，0.6～1.2容积率的低密度住宅区无疑将占据主流地位。

建设。由于缺乏新镇建设的发展规划，大部分低密度住宅集中在城郊结合部，沿着中心城市之间的交通线，开发建设住宅，这样建设的住宅区大多存在或多或少的基础设施和明显的配套设施缺陷。由于不能共享基础设施和配套设施资源，造成社会整体基础设施和配套设施投资的高成本低回报，同时使购房者用相对高昂的代价换取相对低标准的基础设施和配套设施服务。这样的低密度住宅区的成熟发展明显受限于三大瓶颈，即交通体系瓶颈、社会服务体系瓶颈和就业体系瓶颈。

三大瓶颈限制低密度住宅区的健康发展

交通体系瓶颈	低密度住宅区发展的第一个前提就是要有良好的交通体系，这种交通体系应该是多种交通方式的组合。低密度住宅的发展，一定要与城市交通体系的发展并进，依托便捷的高速公路网或者快速轨道交通线来发展低密度住宅。
社会服务体系瓶颈	城郊结合部的社会服务设施并不完善，比如商业、教育、文化、医疗等服务设施明显欠缺。这些服务设施显然不是单个开发商通过努力能够解决的。所以，低密度住宅的大片开发离不开政府的支持。
就业体系瓶颈	城郊结合部低密度住宅区的出现是为了缓解城市核心区的交通、就业等压力。但目前的问题是，住在郊外的居民天天往返城里上下班造成了更大的交通拥堵，大大增加了时间成本。因此，低密度住宅的发展要将居住与就业统筹考虑，避免出现"睡城"现象。

一、开发前期上充分考虑低密度住宅的需求特征

由于城内的土地供给日益紧张，房地产开发成本居高不下，以塔楼为主的高密度住宅仍是城区住宅的主要形式。而城郊结合部或卫星城镇才是低密度住宅的发展区域。这尤其需要政府的宏观规划和整体配套以及开发商的开发建设密切配合。政府在制定宏观城市规划时应具备开发意识，而开发商在开发建设时也应具备战略眼光，承担城市营运商的职能。

相对于城郊结合部而言，卫星城镇更适合低密度住宅的开发

如果能以政府为主导，对中心城市周边的城镇要坚持配套设施建设，适度超前并与新旧业同步发展；用土地控制性持续供给计划获得超前基础设施建设资金，并同步规划新镇经济内循环和新镇经济外循环，形成有主导产业和足够就业机会的卫星城镇，这样才能带动低密度住宅的健康发展。

二、低密度住宅区规划的前提：确定合理的容积率

容积率的追求是控制土地成本和获取开发利润的第一原则。尽管容积率与规划品质之间具有一定的此消彼长的对立关系，但如何在有限的条件下尽可能创造出更为丰富的规划空间形态，需要开发商与设计师的共同努力。低密度住宅中包括独立别墅、Townhouse、多层住宅等不同类型的产品，其容积率也各不相同。独立别墅通常在0.3以下，Townhouse在0.6左右。多层住宅则在1~1.5之间。其间还有经济型别墅、叠拼别墅等。

三、低密度住宅规划设计的地域性差异化

相对于高层住宅，低密度住宅更有条件充分反映其地域性差异，并形成自身特点。就目前现状来说，更多的项目要么是欧洲或北美风格，要么是现代式。仅从住宅自身很难判定其所处的地域位置。虽然在社会及文化多元化的今天，各种风格和流派都可以兼收并蓄。但其中独缺本土特色的产品出现，不能不说是一个遗憾，而这也正是一个可以充分发挥的空白点。

地域性差异也不仅仅是表现在立面风格上，其内在的户型及空间设计也应充分考虑。南方和北方、干旱和潮湿地区，都有不同的气候、地域特点和生活习惯，对建筑的平面布局和空间要求都不尽相同。充分挖掘这些地域性的差异、并在住宅设计中加以反映，形成具有本土特色的建筑风格，是低密度住宅开发设计中的一个具有研究价值和市场效益的重要课题。

四、注意创造舒适宜人的整体社区环境

建筑不是独立存在的，它与城市和外界有着不可分割的密切关系。低密度住宅与社区的关系也是如此，只有当社区整体环境提升了，单栋住宅才能够在高起点高平台上继续增值。

1. 预先考虑和控制不可控的因素

住宅与人的生活休戚相关。随着生活的展开，在原有住宅建筑的基础上，非建筑元素会日益增加，从而丰富其原有的形态和气质。庭院内的绿化和铺装、阳台和窗台上的盆栽、挂在门廊的灯、从窗口映衬出来的丰富多彩的窗帘等各种因素，因为人们生活的演变而不断变化，形成美丽多姿的社区景观。设计师在设计建造住宅时应该预先考虑这些不可控的因素，进行合理的引导和控制。

2. 强调社区整体环境的和睦

一个成熟的居住社区其概念主要包含了：在组织上，建立全新的物业管理机制；在社会学上，强调社区作为生存空间对人类

心智健康的影响；在心理上，形成社区居民的共同归属感，强调社区整体环境的和睦，促进人际交往；在城市意象上，注重增强住区的特色。

3. 社区规划与专业配合

低密度住宅区的建设是一个系统工程，根据环境，通过对建筑设计规划、住宅的声、光、热以及风场等诸多技术整合，从小区规划、单体设计到环境控制系统等诸多环节，合理安排并组织住宅建筑与气候、民俗、人文、历史、城市规划以及目标客户特点等相关因素之间的关系，使住宅和环境成为一个有机的结合体。

4. 人居与生态社区的创造

真正的低密度生态住区是以人居发展为依据的，是根据当地的自然生态环境，运用生态学、建筑技术科学基本原理、现代科学技术手段等，合理地安排并组织建筑与其他相关因素之间的关系，使其建筑与环境之间成为一个有机结合体，并有良好的室内气候条件和较强的气候调节能力，以满足人们生活工作所需的舒适环境，使人、建筑与自然生态环境之间形成一个良性循环系统，它具有节地、节水、节能，改善生态环境，减少环境污染等诸多好处，可以使经济效益、环境效益、社会效益得到较好的统一。

五、低密度住宅更应注重社区景观空间的营造

由于低密度住宅层数较低，其绿化率不一定比高层住宅高，其景观空间的优势在于建筑与景观的充分融合，而不是简单的植树造园。通过自然丰富的规划形态和千姿百态的建筑造型，体现不同层次的景观空间，形成从室内到室外阳台、露台、花园，再到庭院、组团绿地及中心绿地的一系列不同规模的层次丰富的空间序列。使建筑成为景观的一部分，而不是与环境格格不入的附加物。建筑通过露台、阳台、台阶、休息平台向室外空间延伸，而景观和绿色又通过棚架、花篮、花池向建筑渗透，二者之间形成既对立又统一的和谐共生关系。

六、注意居住舒适度、土地利用率与空间利用率的平衡关系

低密度住宅多为高使用率，甚至零公摊；在保证居住舒适度的前提下，适度提高土地利用率，尽可能提高空间利用率。

1. 向天空要空间

提高低密度住宅土地使用率最常见的方法是"向上发展"，即在严格控制容积率的前提下，为充分利用上空空间、争取更多使用面积提供最大的可能性。比较可行的做法大致有如下三种：

（1）增层

增层指在大空间中设置夹层。开发商为住户提供高大的室内空间，在建筑物完工后的装修阶段，开发商根据业主的要求，在部分高大空间中设置夹层，主要公共活动部分则保留原有高度。由于夹层是在装修阶段附加的部分，不被计算在建筑面积内，因而是开发商无偿为业主提供的使用面积。这种做法的优点在于既保证了室内空间的高大开敞，充分体现业主尊贵的身份，又能为业主提供一定的免费面积，活跃室内空间氛围，正好满足了一部分购房者"面子上要气派，使用上要实惠"的要求。

从开发商的角度考虑，在需要严格控制容积率，而建筑高度

尚有余地情况下，最适合选择此类做法，增加建筑空间的高度。这种做法可以说使开发者和使用者双方受益。

（2）露台

对没有地面花园的二、三层住户而言，露台的意义如同空中的私家庭院。没有顶的露台完全不用计入面积，因而设置宽敞的屋顶露台，成为开发商提高住宅品质，增加卖点的重要手段。

对于设计师，如何设计出经济舒适的露台是要颇花一番心思的。在功能方面，设置北露台对相邻的北侧建筑没有遮挡，有利于减小建筑间距节省土地，但北露台在背阴面缺少日照，使用舒适度较低；南露台的情况则与之相反。在外形方面，露台可以增加建筑外观的层次感，调节建筑物的尺度，尤其适合进行绿化装饰，既能美化建筑，塑造居住建筑应有的亲切宜人的氛围，又能美化环境，提高社区品质。因而，如何合理安排露台的位置兼顾节省土地、使用舒适和外形美观，是露台设计中不断探索的问题。

（3）阁楼

所谓阁楼是位于坡屋顶下方的不规则空间。在西方古典建筑中，几乎所有的建筑都有阁楼，阁楼空间剖面形状呈三角形，通过开在屋顶上的老虎窗通风采光。

当前国内的低密度住宅多采用混凝土框架结构，且通常是坡屋顶形式。借鉴西方经验，充分利用屋顶下的阁楼空间，成为提高空间利用率的一种做法。很多住宅在屋顶下单设一层，专门作为储藏室放置杂物，居住者一般不会在阁楼内活动，这种做法空间利用率不高，作为储藏室面积常常过大；有的住宅则通过精巧的剖面设计，充分利用屋顶下异型空间的趣味性，大大改善了阁楼的使用面貌，将其组织到日常的居住生活空间中来，成为独特的休息、读书或居住场所。可见通过优化阁楼空间的方式进一步提升住宅品质还是大有潜力的。

2. 向地下要空间：地下室

在大部分的项目中，地下室都因为其既无自然采光也无自然通风，而赠送给业主，成为一个较好的家庭储藏空间。

还有一种做法，是地下室结合下沉庭院一起设计，既可以解决日照和通风的不足，又大大提高了地下室的使用率。可以利用2.2m以下高度的不计入建筑面积，以通过巧妙的设计使之成为空间的高潮。对开发商来说，这种情况通常是在项目受高度限制、容积率还未做够的前提下而进行。

无论2.2m空间是地下室还是顶层阁楼，如果能够将其和上层空间或者下层空间结合考虑，结合使用，可以在有限的居室空间中创造出出人意料的高大气势。

设计师应该充分考虑这样改造的可能性和便利性，从结构和设备上给予预先安排。

LOW-DENSITY RESIDENTIAL BUILDING
低密度住宅

Curve 曲线

006-109

琼海全国(博鳌)退休公寓示范小区

项目地点：海南省琼海市
规划/建筑设计：北京中联环建文建筑设计有限公司
占地面积：1 331 600 m²
容积率：0.8
绿化率：>55%

全国(博鳌)退休公寓示范小区项目位于海南省琼海市博鳌镇嘉博大道和龙博大道的交会处。项目地处博鳌镇总体规划的龙头位置，用地呈多边形，东临南海450～500 m，西接琼海市区，南接龙滚镇，北望谭门镇。

项目占地面积1 331 600 m²，沿龙博大道向北有宝莲城，向南有博鳌镇、博鳌亚洲论坛成立会址金海岸大酒店、博鳌亚洲论坛永久会址索菲特大酒店，距离世界最长的河海隔离带"玉带滩"所在地即三江交汇(龙滚江、九曲江、万泉河)入海口约2.1 km。

全国(博鳌)退休公寓示范小区项目，无论在中国还是在国际上，都是一个对老年社区的标准、特点、要求以及老年公寓品质进行探讨的最好尝试。

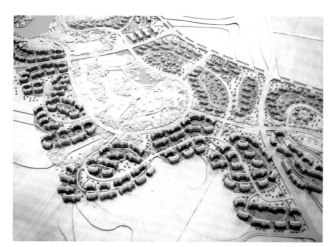

长沙南山·苏迪亚诺

项目地点：湖南省长沙市
开发商：长沙南山房地产开发有限公司
占地面积：334 612 m²
总建筑面积：324 531 m²
绿化率：60%
容积率：1.05

　　南山·苏迪亚诺项目位于长沙市金引星大道与普瑞大道交会处，紧邻月亮岛和湘江，距长沙市政府仅有6分钟车程。

　　规划设计了良好的空间格局。在分析地形后，于用地东北角和金星大道入口处，结合会所和酒店式公寓设计了两个较大的静水湖，作为小区的景观中心。并由此延伸出两条主要的景观带，一条横贯东西，顺应小区主干道，成为开放式的景观空间；一条沿原有山谷自然向西南向延伸，成为幽静的谷地景观。用地的西南角相对独立，以小高层和多层洋房为主，中心有一条步行景观带贯穿其间。

　　三条景观带均衡布置于整个小区，构筑了小区主要的空间格局和景观骨架。沿较繁华的星城大道设置了一条风情商业街。用地东北角是小区重要的对外展示窗口，在此处规划了一栋造型优美的酒店式公寓。会所、商业等配套设施绕湖布置。

广州保利·香雪山

项目地点：广东省广州科学城
开发商：保利房地产（集团）股份有限公司
占地面积：224 100 m²
总建筑面积：22 670 000 m²

项目位于广州市科学城开创大道以北，水西环路以东，总占地面积224 100 m²，总建筑面积22 670 000 m²。项目地处规划中的萝岗行政中心区之内，区内将建有酒店会议中心、影剧院文化中心、市民公园、体育场馆等配套设施。

该项目以双拼别墅和中高端洋房为主。北区打造成一个私密高贵的纯双拼别墅社区，南区定位于毗邻山顶公园的风景美学洋房社区，户型较大。

Master plan
总体规划平面图

园林图例

1.会所	7.户外特色铺装及停车设施	13.绿轴水系	19.儿童游乐场/健身场地
2.入口倒影池	8.别墅小区入口	14.休憩木平台	20.特色铺装小广场
3.水景标志墙	9.雪卫室	15.特色铺装小桥	21.景观构筑物（花架及凉亭）
4.会所水吧倒影池	10.绿轴水系入口	16.组团标志墙	22.商业街景观
5.木平台	11.特色景墙	17.小高层人行入口花园	23.商业街入口特色水景
6.泳池	12.跌水小瀑布	18.组团主题花园	24.小区公园

镇江国际花园

项目地点：江苏省镇江市
开发商：镇江曙光置业有限公司
总建筑面积：118 200 m²

　　项目总建筑面积118 200 m²，集多层、别墅、商铺为一体，其中小区包括两个主题广场，四个住宅组团。一期牡丹苑为六幢低密度纯多层建筑，小区的绿化率为37%，别墅区绿化率高达55%以上。地块北侧布置步行街商业设施，中部布置别墅区，东侧布置多层住宅，西侧为社区俱乐部等公共设施。

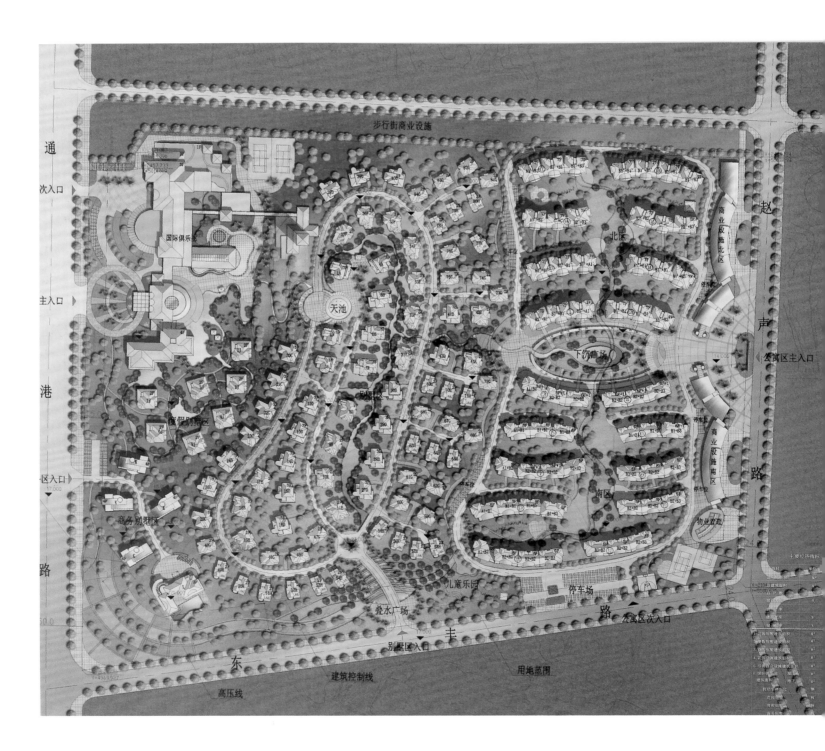

德昌温泉度假区

项目地点：四川省德昌县
占地面积：145 368.29 m²
建筑面积：134 940 m²

德昌温泉度假区是一个综合性的度假区项目，整个项目呈现一种东西狭长的地块分布，项目总规划占地面积为145 368.29 m²，总建筑面积为134 940 m²，其中度假区建筑面积为28 000 m²，度假别墅区建筑面积为18 900 m²，花园洋房度假区建筑面积为68 040 m²，配套服务设施建筑面积为15 000 m²，办公管理设施建筑面积为5 000 m²，整个项目的建筑密度为23.2%，容积率为0.93，绿化率为45%。

项目内的主要建筑形态为联排别墅和花园度假洋房。度假区的大门设置在整个地块的东面部分，主要由酒店前广场和温泉酒店等组成。在大门的两边还设置有人行入口和入口广场。办公中心和接待中心均处于温泉度假区的入口左侧。同时在项目中还设置有名俗文化广场。温泉区主要集中分布在项目地块的西北边和南边，大多呈带状分布。在项目的中心位置还设置有人工湖以及社区活动中心等，沿着主轴线依次排开。绿化景观带和人工湖与内部的度假别墅建筑相得益彰，形成良好的度假休闲氛围。

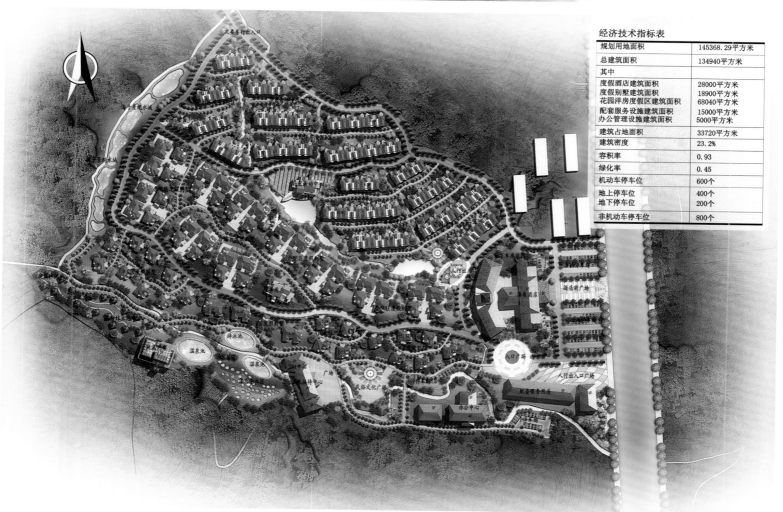

经济技术指标表

规划用地面积	145368.29平方米
总建筑面积	134940平方米
其中	
度假酒店建筑面积	28000平方米
度假别墅建筑面积	18900平方米
花园洋房度假区建筑面积	68040平方米
配套服务设施建筑面积	15000平方米
办公管理设施建筑面积	5000平方米
建筑占地面积	33720平方米
建筑密度	23.2%
容积率	0.93
绿化率	0.45
机动车停车位	600个
地上停车位	400个
地下停车位	200个
非机动车停车位	800个

广州花都颐和山庄

项目地点：广东省广州市花都区
开发商：广州颐和地产
建筑设计：翰景/MA
占地面积：661 500 m²（一期），292 900 m²（二期）
容积率：1.0
绿化率：50%

　　花都颐和山庄位于花都山前大道板块，紧临王子山脉，依山势蜿蜒盘旋，并独有私家水库，拥有无可比拟的纯天然居住环境和独特的天然资源。项目未来将拥有完整的配套规划，包括花都颐和大酒店、中英文幼儿园及小学、会所、超市、菜市场、商业街、其他商业配套，使花都颐和山庄成为足不出户即可享受的"世外桃源"。

　　首期推出的"空中别墅"组团为一梯两户七层带观光电梯的多层洋房，整个组团位于山庄最高点，呈三个阶梯状分布，高度逐层爬升，全部单元可于不同角度迎接山水的沐浴。该组团拥有平层和复式两类产品，主力户型建筑面积为127~244 m²。"半岛别墅"组团主要为独立及双拼两类别墅，产品设计为其最大的亮点，拥有私家电梯和独立观湖泳池，在体现人性化关怀的同时也大大提升了别墅居住的私密性和舒适性。时尚简约的外立面，在整个山前大道板块掀起新的别墅居住风潮。

东莞卧龙山花园

项目地点：广东省东莞市凤岗城市中心卧龙山麓
开发商：三正地产
建筑设计：澳大利亚MOP设计顾问公司
景观设计：贝尔高林国际（香港）有限公司
占地面积：338 000 m²
总建筑面积：316 000 m²
容积率：0.935

　　卧龙山花园位于东莞市凤岗镇城市中心，紧邻东深公路，北接东深二线，南有东深供水河自西向东横穿，东西均有市政主干道南北连接，南面东深河两岸设计有滨水景观带。

　　一期项目是以豪华别墅组成的纯别墅居住小区，以欧陆建筑及园林景观为主体风格，并充分利用依山傍水的有利条件，营造现代版欧陆经典生活。根据道路系统及竖向设计，将别墅设置成顺着山势递增式，建筑也由低而高递增。由于建筑物为三层豪华别墅，所以形成丰富的景观天际线。别墅均为南北朝向，背靠青山翠岭，独拥纯天然的私家大氧吧，尽览门前"一河两岸"的极致景观，其通风、采光、观景、纳凉无不协调统一于一体。

　　规划充分利用地形现状，本着经济性的原则保留原有的地形、地貌，顺着山形地貌布置路网及别墅单体。规划结构可以用"一心三围五轴"概括，"一心"是指以悦龙湖为整个住宅区的中心，"三围"是指环绕湖的环形道路，"五轴"是指五条南北贯穿整个别墅区的景观绿化带。"一心三围五轴"的结构将居住区的建筑和空间组织得丰富而有序。

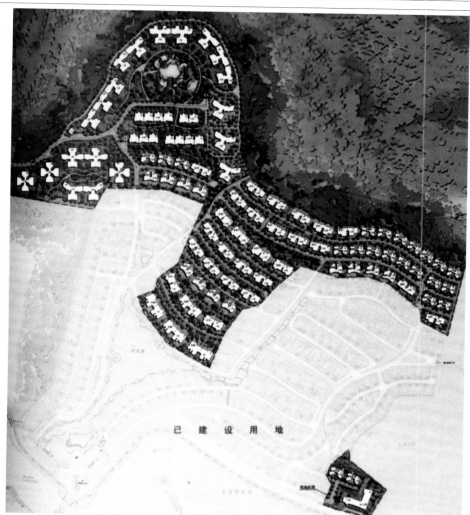

已 建 设 用 地

卧龙山花园已开发用地

卧龙山花园已开发用地

郑州鸿宝园林

项目地点：河南省郑州市
设计师：加拿大宝佳国际建筑师有限公司
占地面积：2 300 800 m²
总建筑面积：1504300 m²
容积率：0.65
绿化率：46%

项目位于郑州市区，包括联排别墅、双拼别墅、花园洋房、小高层、温泉酒店、主题公园、商业街等。规划理念为以休闲度假旅游带动中高档住宅开发。一期Town House为旗舰项目，温泉酒店和主题公园为区域名片。居住社区分阶段实施，采用生态群岛式的用地格局。规划以景观大道为脊，布置成"五湖、五岛、一绿环"的总体格局，充分体现"原生态"理念，以应对市场变化。

图例：
1. 双拼别墅　　15. 童话岛　　　29. 市政设施用地
2. 院墅　　　　16. 湖心广场　　30. 奶牛场范围
3. 联排别墅　　17. 金银岛　　　31. 现状保留别墅
4. 叠拼别墅　　18. 游艇俱乐部　32. 现状保留办公楼
5. 花园洋房　　19. 中学　　　　33. 现状保留林荫道
6. 空中别墅　　20. 小学　　　　34. 雷达站天线50米
7. 小高层　　　21. 会所　　　　　　半径范围
8. 商业步行街　22. 滨水开放空间　35. 雷达站天线120米
9. 购物广场　　23. 滨水步道　　　　半径范围
10. 温泉酒店　 24. 别墅式办公　　⬤ 保留大树
11. 温泉院墅　 25. 办公楼
12. 温泉岛　　　26. 雷达站
13. 温泉公寓　 27. 主入口
14. 水上餐厅　 28. 给水井

比例尺 SCALE
0　50　100　　250M
N

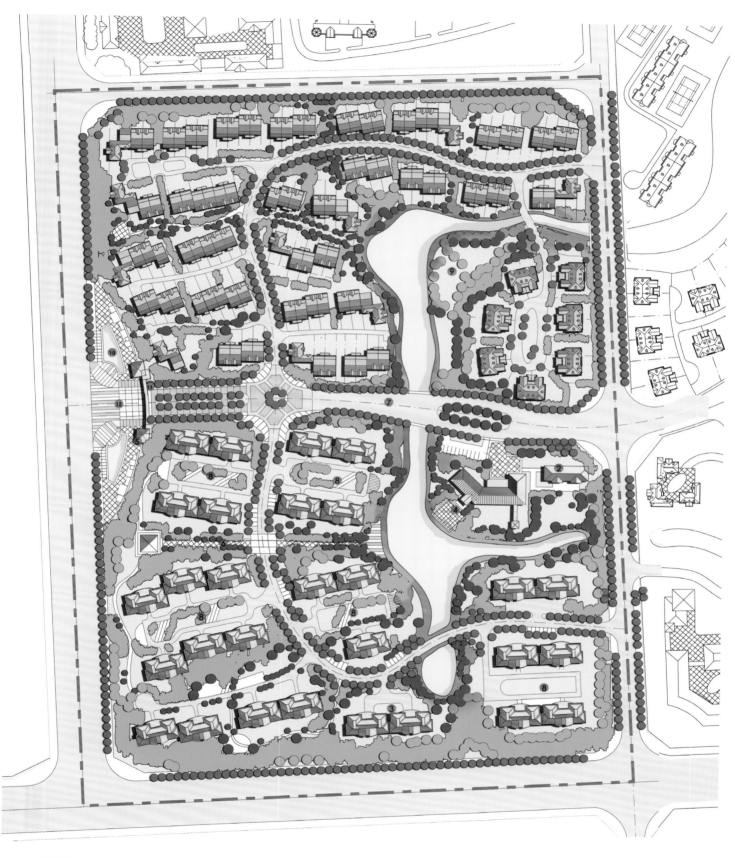

图例

1:联排别墅　　4:会所　　　7:景观大道　　10:喷泉广场
2:保留别墅　　5:门卫室　　8:组团绿地　　11:过街天桥
3:叠拼别墅　　6:步行道　　9:滨水活动空间　12:主入口

SCALE
N
0　　　　50　　　　100M

长春中信城

项目地点：吉林省长春市净月潭旅游经济开发区
开发商：长春中信鸿泰置业有限公司
建筑设计：陈世民建筑设计事务所有限公司
占地面积：1 090 300 m²
总建筑面积：1 063 100 m²

　　长春中信城大型住宅区项目位于长春市东南部唯一的生态居住区域——净月潭旅游经济开发区。用地东南向为净月潭森林公园，南临大顶子山林地，西面为吉林农业大学生态试验基地，北面是规划中的农业展览馆及配套设施，东面为居住小区。

　　用地东面长约1 200 m，南北宽约1 600 m，地形南高北低，落差约80 m。尊重山、森林等大自然现有的环境特点，并有效使用环境资源，是本次项目规划和设计的主题。

　　利用地块南高北低　，背靠大顶子山林地，环境优雅，空气清新。在社区内设置两条森林脊，为社区内部环境增加了新的休闲及活动空间。考虑到地块坡度较大，灵活布置了单栋的别墅，使之适应地形的起伏变化，从而减少对自然地形的影响。结合地形布局地块内部道路，沿地块周边及用地内设环形道路，内外环路相互连通。别墅沿路两边布置，一条道路服务两侧别墅，提高了道路使用率和绿化面积。

上海尚东国际名园

项目地点：上海浦东
开发商：上海中万置业投资有限公司
建筑设计：上海现代盖建筑设计有限公司
合作设计：上海天锐建筑咨询有限公司
占地面积：223 645.2 m²
总建筑面积：254 946 m²
容积率：1.14
绿化率：50%

　　上海尚东国际名园位于上海市浦东新区三林地区。基地范围东起东明路，西临中汾泾，南到高青路，北至振兴路。整个用地被板泉路和海阳路分为三个地块，可独立分期开发。项目拟建成一个中环线内由低层住宅及高档多层公寓住宅混合的高尚居住区，并配套建设占总面积8%左右的商业区。

　　充分考虑项目与周边公共设施、商业、住宅项目之间的关系，以及轻轨出入口对本地块商业业态设计的影响；充分考虑项目开发时基地原有周边自然资源的利用；充分考虑社区居民和环境之间、建筑与环境之间、人与建筑之间、人与人之间的相互关系，让居民有良好的户外休闲、交往、观赏的绿化环境和人文环境，并创造出一个与环境共生、与自然协调的高尚生态住区。设计注重用地分配、交通组织、防火安全、卫生防疫、环境保护、节约能耗、抗震设防等重要原则，并体现出对老弱病残人士的人道主义关怀。

大连红星海世界观

项目地点：辽宁省大连市
开发商：远洋地产
占地面积：1 120 000 m²
总建筑面积：1 800 000 m²

红星海世界观位于大连市开发区滨海大道沿线，由香港上市房企远洋地产巨资投建。红星海畅享700万 m²的原生态山林和4.9 km海岸线，是集别墅、住宅和商业为一体的180万 m²低密度复合型社区。社区拥有14万 m²商业配套；东北亚首席湾区会馆——红星会馆；更有红黄蓝幼儿园和北京十一学校的高素质教育体系。项目建有4万 m²以爱为主题的LOVE山体公园、STAR红星海滩，让业主尽享健康浪漫山海生活。项目首期产品一路冠销，完美售罄。二期世界别墅以2009年全年20亿元的冠销佳绩改写大连地产史。

红星海世界观追随具有高端生活方式的城市发展，开启了一段全新的人居领创格局，天赋灵犀的自然环境结合精工铸造的开发理念，以产品的创新与资源的稀有，见证一个阶层将梦想铭刻成极致尊崇。为满足未来社区内4万人的生活需求，红星海规划140 000 m²主题公园式商业街区是集运动、休闲、娱乐为一体，引进12 000 m²的国际品牌超市、13 000 m²的国际康体中心、20 000 m²的大型临海餐饮设施、40 000 m²的休闲商业一条街（电影院、溜冰场、KTV、医疗保健中心等），带给您世界最前端的生活感受，尽享世界奢华设施。

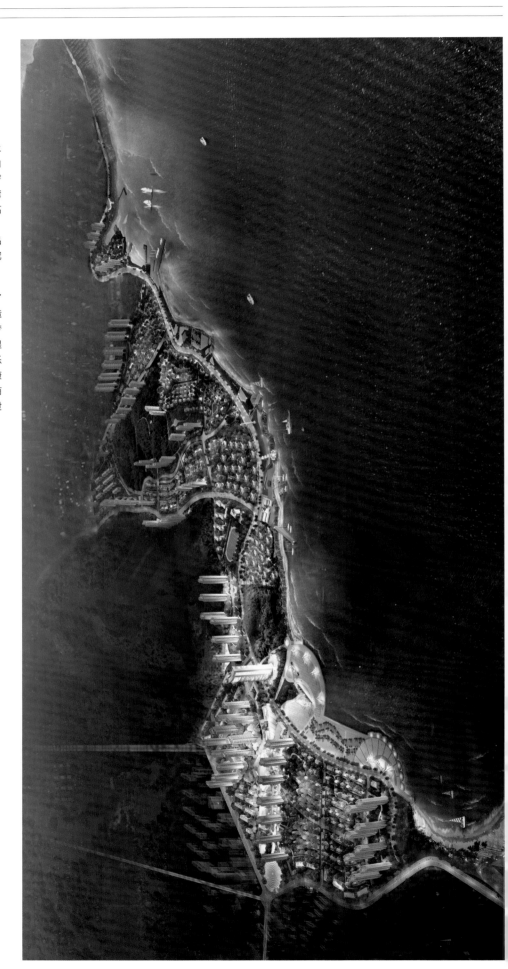

上海富力桃园

项目地点：上海市青浦区平吉路
开发商：上海富力房地产开发有限公司
建筑设计：三益中国建筑设计有限公司
占地面积：29 8765m²
总建筑面积：291 932.5m²

　　富力桃园坐落在上海青浦清波荡漾的城西河畔，秀美的环境和典雅的外观借鉴了英伦建筑的风貌，展现出英国绅士般的风度和格调。而其内在本质却是要营造出一个适合中国人生活的别墅空间。它是以英伦风情为体，而以中式空间为灵魂来融合二者之美，从而打造一个宜居的现代"桃花源"。

　　中式民居讲究内敛，注重隐私，对院落空间情有独钟。富力桃园将中式民居的空间与现代生活方式有机融合，营造出独具特色的中式宅院空间。联排和双拼别墅均设计了前、中、后三进院落，同时将二层以上的户间连接部分尽量减少，并利用南北露台的交错搭接，产生了形态上的类独栋效果，充分避免了住户间的视觉干扰。通过花园、庭院、露台等室外空间的灵活设置来达到别墅与外部环境的融合和互动。此外，别墅还设计了带有三个采光天井的阳光地下室，丰富了室内空间，加强了与外部自然的沟通。

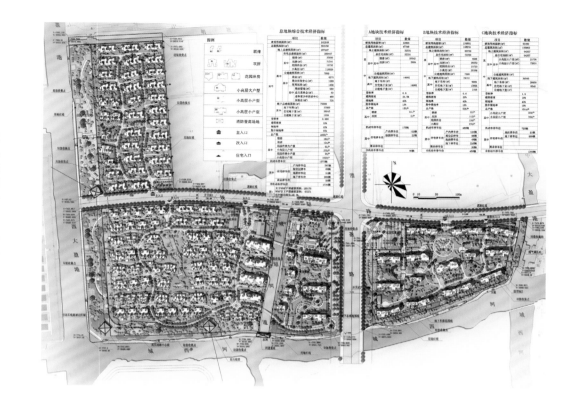

绿城昆山玫瑰园

项目地点：江苏省昆山市
开发商：昆山香溢房地产有限公司
投资商：绿城集团
建筑设计：浙江绿城六和建筑设计有限公司
占地面积：214 666.7 m²
总建筑面积：100 000 m²

　　绿城昆山玫瑰园位于昆山市巴城镇阳澄湖国际旅游度假区，度假区内配套有完善的休闲、度假、娱乐、服务设施，如大上海高尔夫球场、阳澄湖水上公园、东方云顶广场、宝曼酒店、蟹舫苑等一系列游玩项目，集餐饮、住宿、娱乐、休闲、度假、商贸、房产于一体，为中外宾客提供良好的休闲生活空间。

　　项目周边交通极为便利，距上海约70 000 m，距苏州工业园区约18 000 m。而已通车的沪宁高铁和京沪高铁，大大地拉近了昆山和其他城市之间的距离。

　　整个小区三面环水，东靠湖滨路主干道，西临阳澄湖，一线湖景。由113栋别墅、4栋精装修公寓、1栋酒店式公寓组成。别墅面积在300~500 m²。在建筑型态上延续了绿城玫瑰系列，以法式风格为主，外立面色彩典雅清新，细节处理上运用了法式廊柱、雕花、线条，呈现出一种浪漫典雅的风格。

舟山绿城·朱家尖东沙度假村

项目地点：浙江省舟山市
开发商：绿城集团

　　绿城·朱家尖东沙度假村作为由威斯汀酒店领衔的度假综合体，营造和谐滨海度假生活形态。其位于普陀旅游金三角核心——朱家尖十里金沙之上，随着舟山跨海大桥通车，全面融入长三角"3小时旅游圈"。

　　酒店公寓区与别墅区穿插一条海景公路，一直延伸到东沙沙滩的最北端。其全部一线南向海景规划，1 300 m天然沙滩，沙质柔软细腻，可赏可憩可游。

　　项目引进威斯汀酒店，由精装酒店公寓、海景度假屋等丰富产品系组成，结合顶级SPA、滨海泳池、沙滩休闲设施等完善配套，打造长三角稀缺的国际滨海度假综合体。酒店一期精装公寓与酒店紧挨，外观一致，一期公寓的主力户型为A户型约75 m²，厨房、卧室、客厅、阳台一线连通，完全从观景公寓的角度出发设计。另外一期推出的别墅主力户型为150~160 m²，上下两层，独栋形式。海景度假屋户户带私家泳池，精装酒店公寓为一线海景，提升了项目价值。

广州从化明月山溪花园

项目地点：广东省广州从化
开发商：从化方圆房地产发展有限公司
建筑设计：华森建筑与工程设计顾问有限公司
占地面积：432 000 m²
总建筑面积：315 000 m²
容积率：0.8
绿化率：40.20%

　　明月山溪花园位于广州从化温泉镇，占地面积432 000 m²，总建筑面积315 000 m²，容积率仅为0.8，绿化率40.20%，是难得一见的低密度高端别墅区。

　　明月山溪花园属于珠三角生活圈范围内，项目紧邻从化温泉旅游区，三面环山，南临流溪河，拥有丰富的原生态资源，离尘不离城，深符小镇生活的理念。因此规划中将其"东方人居智慧"的品牌理念融入其中，同时结合项目地形地貌和原生态资源，将明月山溪打造成一个具有东方风情的大型高档生活社区。

　　项目共分六个组团，分别为文明里、诗书里、荔湾里、山溪里、逢源里、明月里。在产品类型方面，明月山溪拥有从别墅到洋房的丰富产品线，兼具生活、娱乐、休闲、养生、文化等多种功能。

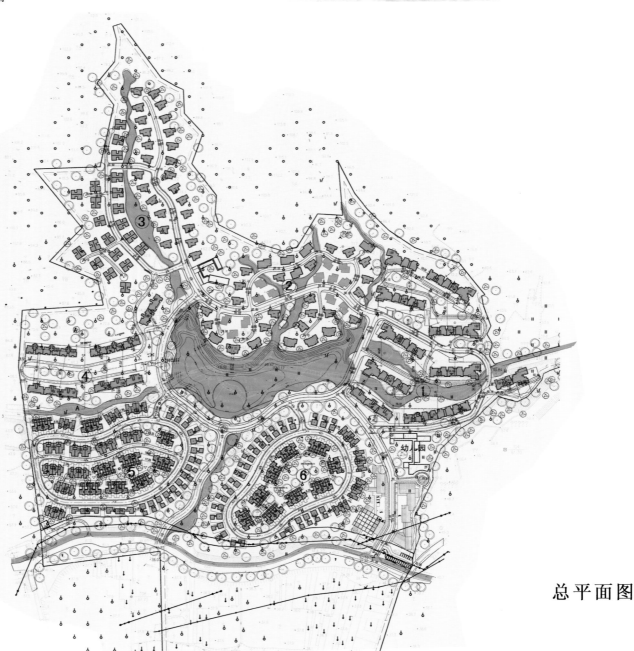

总平面图

重庆蓝光十里蓝山

项目地点：重庆市
开发商：四川蓝光集团
建筑设计：上海港普泰建筑设计咨询有限公司
主设计师：方华、江海波、陆煜、杨军
总建筑面积：247 000 m²

　　蓝光十里蓝山位于重庆南岸10km处，坐落于南山铜锣山脉西侧。蓝光十里蓝山南北向有两条规划道路贯穿，东西向由一条规划道路作为主入口。场地坡度很大，地势呈西低东高，北低南高；南北向高差15~20 m，东西向高差约90 m，中心有一东西向自然山谷穿越场地，为典型的坡地用地。

　　规划设计理念源于意大利托斯卡纳地区山地小镇，其独特的地形和气候条件都与场地有相似之处。项目结合南山山麓原始自然坡地的地形地貌，充分利用山地建筑依山就势、因地制宜，利用自然跌落的原生山谷，引入独特的意大利台地园林景观，将项目打造为掩隐在南山森林中的高尚住宅区。在户型的设计上，蓝光十里蓝山力求人性、舒适、生态、休闲、私密与安全，营造富于变化的尊贵生活空间。整体建筑呈阶梯状布局，层次分明，视野开阔，极具独特性。

总平面图 1：500

三亚富力湾

项目地点：海南省东南部沿陵水县香水湾旅游度假区B区南段
开发商：富力地产
规划/建筑设计：广州市住宅建筑设计院有限公司
景观设计：广州市普邦园林配套工程有限公司
占地面积：1 666 675 m²
总建筑面积：400 000 m²
容积率：0.24
绿化率：64.8%

三亚富力湾位于海南东南部沿三亚市陵水县香水湾旅游度假区B区南段，是海南东部热带滨海沿岸珍贵的旅游风景湾区之一。三亚富力湾规划用地面积1 666 675 m²，总建筑面积约400 000 m²，容积率0.24，建筑密度8.7%，绿化率64.8%。地块拥有稀缺且不可再生的原生态资源—— 4.2 km海岸线、天然山屿以及蕴涵丰富而有特色的地域人文风情的乡村田园风光。设计结合天然山体坡度地形特点，因势利导打造出一处充分拥揽无极壮阔海景风光、完全依存于原生态自然环境之中、让建筑与自然和谐地融为一体的精品建筑群落。

富力湾整体布局自北至南分为三个区域。北区：游艇港湾俱乐部、万豪度假酒店、带码头别墅群、沙滩别墅群。中区：沙滩别墅群、独栋别墅群、联排别墅群、精品酒店、中心商业街（青年旅馆、美食商业街、休闲会所、医疗会所）、沙滩娱乐区、海景住宅、情景洋房、酒店公寓、湖景别墅群。南区：山体别墅群 、五星级酒店。

广州南沙境界

项目地点：广东省广州市南沙
开发商：北方万坤置业有限公司
建筑设计：BDCL（博德西奥）国际建筑设计有限公司
　　　　　贝尔高林国际（香港）有限公司
占地面积：210 000 m²
总建筑面积：230 000 m²
容积率：0.93
绿化率：43.10%

　　南沙境界位于南沙黄阁镇市南公路。项目总占地面积210 000 m²，总建筑面积230 000 m²，享有面积近50 000 m²的私家山体公园。

　　项目整体设计以"叶脉布局"为规划思想，自北向南分别由开放的城市区、半开放的田园风景区以及私密的自然生态区三个主题区域组成，共有产品约1 300套。产品丰富多样，包括合院别墅、联排别墅、叠拼别墅、叠拼庭院、精品酒店式公寓、阳光公寓、山景公寓、半山景观公寓等建筑类型。

LEGEND 说明

1. VEHICULAR ENTRANCE
   车辆入口区
2. ENTRY WATER FEATURE
   入口水景
3. MAIN ACCESS ROAD WITH BIG CANOPY
   绿荫大道
4. COMMERCIAL ZONE PEDESTRIAN MALL
   WITH PLAZA & WATER FEATURE
   商业中心步行街与水景
5. UPPER CLUBHOUSE WATER FEATRE
   俱乐部水景
6. EXISTING LAKE
   现状湖泊
7. FOREST JOGGING TRACK
   森林慢跑道
8. TOP VIEW PAVILION
   观景凉亭
9. HIGH POINT RESTING AREA
   高处憩息
10. RESTING AREA
    憩息区
11. CLUB TERRACED SWIMMING
    POOL WITH INFINITY EDGE
    俱乐部坛形游泳池及无边际池缘
12. "CRISP" EDGE RIVER
    蜿蜒溪流
13. RESIDENTIAL RECREATIONAL AREA
    WITH FEATURE MOUNDS
    居民休闲区及特色丘形草坪
14. "NATURAL" EDGE RIVER WITH
    CASCADING BOULDERS
    自然溪边及多层叠石
15. "NATURAL" WATERFALL
    自然瀑布
16. "NATURAL" LAGOON
    自然人工湖
17. PAVILION
    凉亭
18. SECONDARY ROAD WITH TROPICAL
    COUNTRYSIDE PLANTING SETTING
    次干道及热带乡村植栽设计

海南清水湾

项目地点：海南省
开发商：海南雅居乐房地产开发有限公司
占地面积：10 005 000 m²
总建筑面积：10 000 000 m²

海南清水湾占地面积10 005 000 m²，距离三亚凤凰机场仅45分钟车程，距市区30分钟车程，便捷的航空、高速公路、城市轻轨、空中巴士，全方位的立体交通网络畅达岛内外。

海南清水湾拥有12 km的海岸线，邻近三个国际标准的18洞高尔夫球场、六家超五星级国际酒店、多国风情温泉谷、游艇会、海洋体验展览馆、民族风情村等，是南中国海岸理想的度假区。

星海传说 规划示意图

独栋别墅
公寓
洋房

上海一品漫城

项目地点：上海市闵行区
开发商：上海鹏建房地产开发有限公司
占地面积：543 400 m²
总建筑面积：501 720 m²

　　一品漫城位于上海市闵行区浦江镇门户位置、意大利特色风貌区北侧，是"一城九镇"规划的重要组成部分。一品漫城分五期规划，多元化的产品包括公寓、洋房、别墅等物业形态。一品漫城在规划布局上采用内城与外城设计，内城由"美第奇庄园"系列统领低密度产品联排别墅、双拼别墅及宽景叠墅等墅类集群；外城为"海尚"系列精致公寓，演绎Boutique生活。

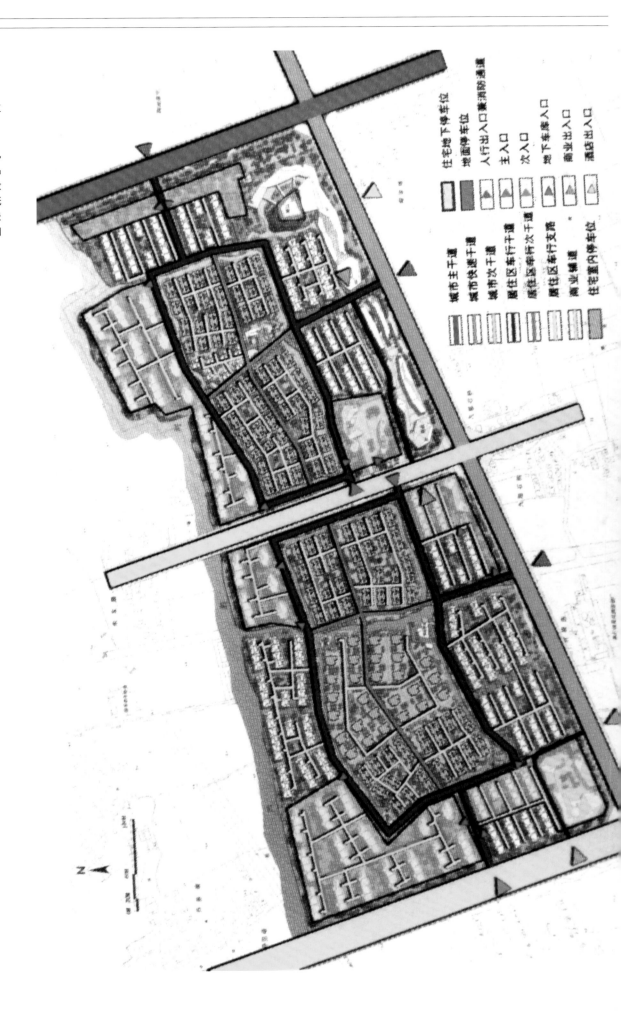

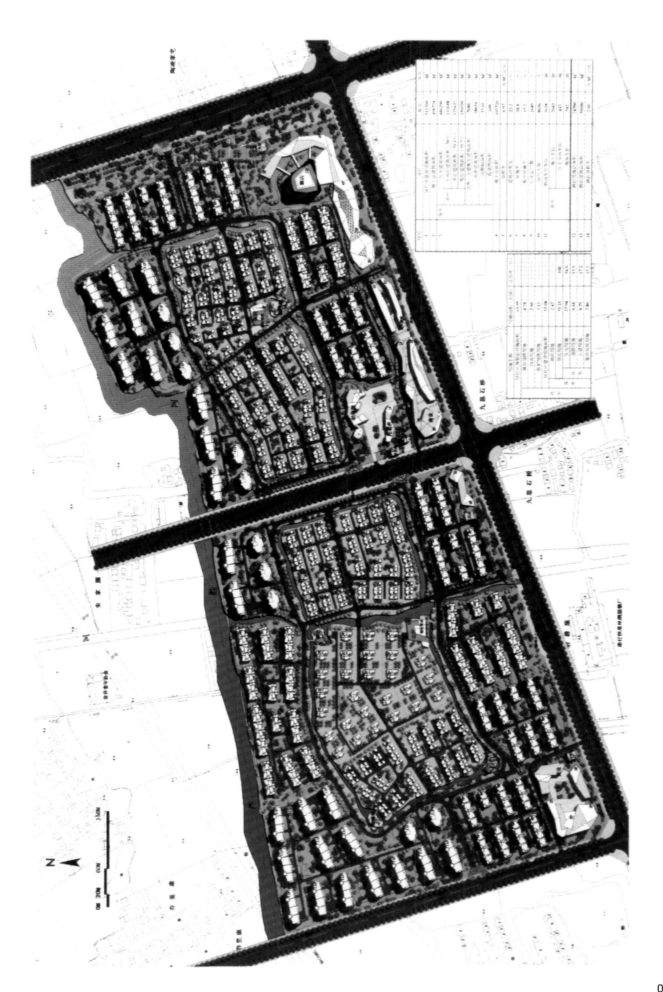

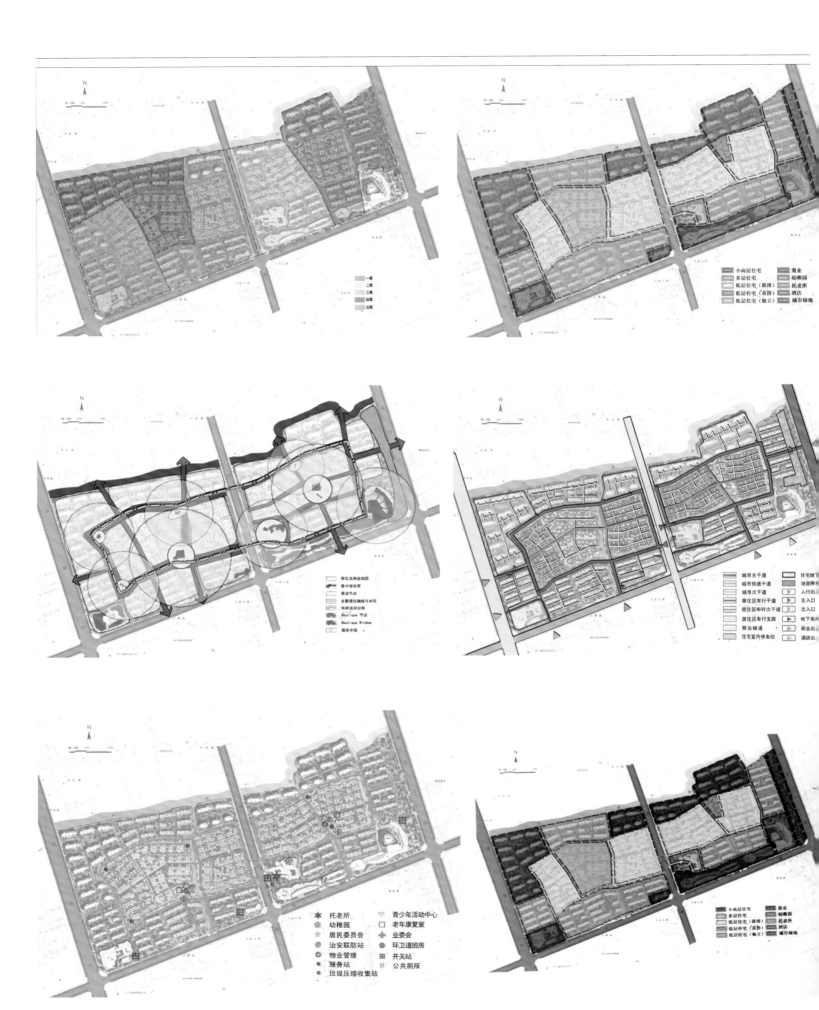

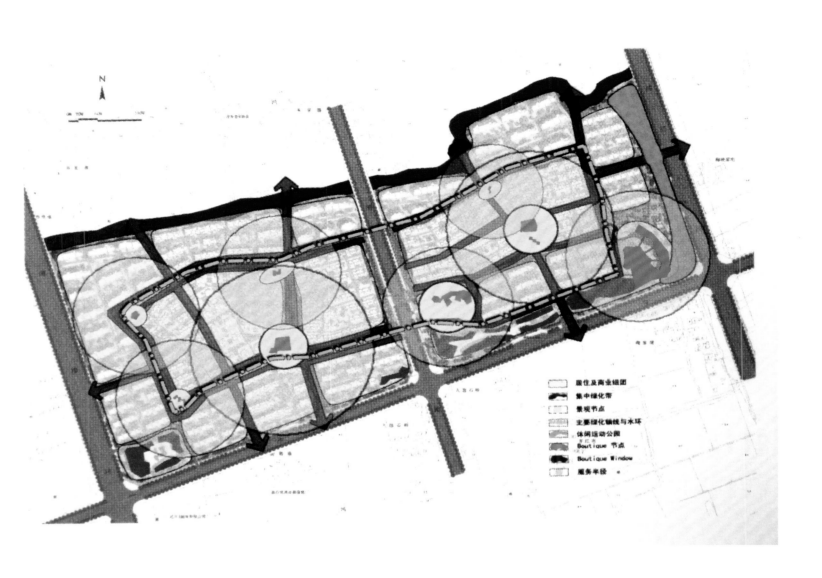

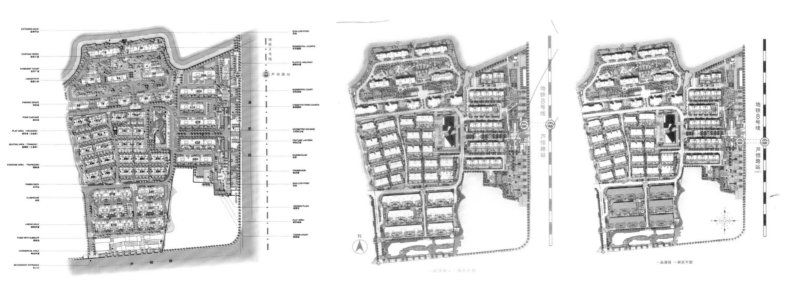

惠州惠阳振业城

项目地址：广东省惠州市惠阳区
开发商：深圳振业集团有限公司
规划/建筑设计：华森建筑与工程设计顾问有限公司
占地面积：612 581.03 m²
总建筑面积：918 871.47 m²
容积率：1.5
绿化率：35%

　　惠阳振业城产品类型以别墅为主，主要包含独栋、双拼、联排、叠加、高层以及其他公建配套。该项目是南中国第一个原乡风格的别墅小镇，也是淡澳区域内同时拥有山林、公园资源和自然水系资源最多的项目。首批产品全部为纯独栋别墅，单户别墅产品花园面积达1 200 m²。每户别墅均有超大花园、地下室、露台、车库和私家泳池。项目采用了大围合组团套小组团的设计，充分考虑了邻里关系的重要性和客家文化的精髓。

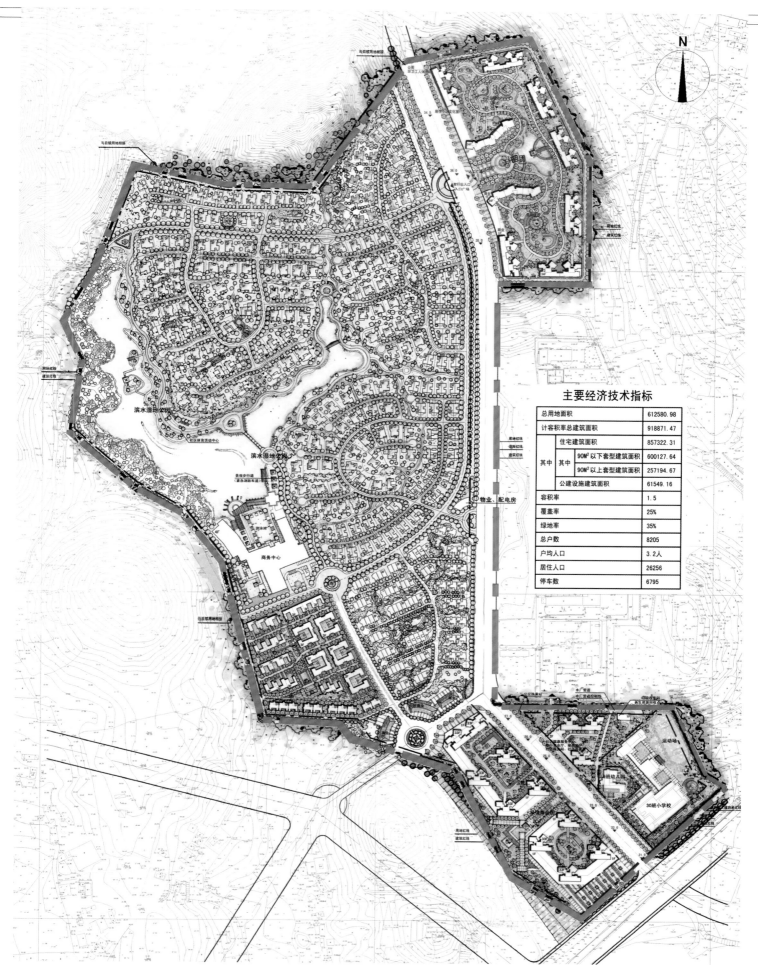

主要经济技术指标

总用地面积			612580.98
计容积率总建筑面积			918871.47
其中	住宅建筑面积		857322.31
	其中	90M²以下套型建筑面积	600127.64
		90M²以上套型建筑面积	257194.67
	公建设施建筑面积		61549.16
容积率			1.5
覆盖率			25%
绿地率			35%
总户数			8205
户均人口			3.2人
居住人口			26256
停车数			6795

海口中信台达高尔夫度假社区

项目地点：海南省海口市琼山区
开发商：海南台达旅业开发有限公司
建筑设计：上海新外建工程设计与顾问有限公司
总建筑面积：628 458 m²

　　中信台达高尔夫度假社区位于海南省海口市琼山区云龙镇，项目西侧紧邻南渡江，东侧为223国道，距离美兰机场约3.7 km，南、北两侧各有支路通达，地块周边景观资源良好，拥有优越的高尔夫景观以及海南的母亲河 —— 南渡江水景，交通便利，区域内植被茂盛，空气清新，是一处休闲度假、养生锻炼的理想之地。

　　项目规划的产品主要包括独栋别墅、联排别墅、高尔夫公寓、精品酒店及球会会所等，同时配套27洞顶级高尔夫球会。其中，台达新高尔夫球场为标准8洞31杆，目前球道总长2 627 m，项目建成后将成为一个高级别的休闲度假生态社区。设计充分考虑原始地形及城市规划道路条件来构建社区亲水生态体系。同时结合高尔夫球场设计，形成集居住、康体、运动多项功能为一体的高端社区。尊重项目基地肌理，充分利用资源，包括球场、渡江河、道路等，融合新的高尔夫地产建筑的方式，住宅与高尔夫球场互为围合关系，既保证了高尔夫球场的利用，又保证了住宅对高尔夫球场的最大化观景的特点，在不影响球场功能和乐趣的同时，提升物业景观价值和人文价值。

　　"水"是整个项目的景观灵魂元素之一，在空间联系与分割中使用水系、绿化带为分隔媒介，使社区各功能组团自然区分，形成若干"绿岛"；同时采用层级分明的规划设计，利用坡地采取远高近低的层级方式排布，高低错落，使景观资源得以充分利用，也符合人的空间尺度感，丰富了天际线；还注重私家庭院与公共庭院互相借势，每户不再是简单的复制，这样的设计对于过客是对美景的享受，对于家人则是舒适的生活空间。

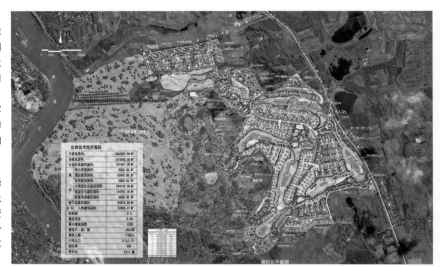

规划总平面图

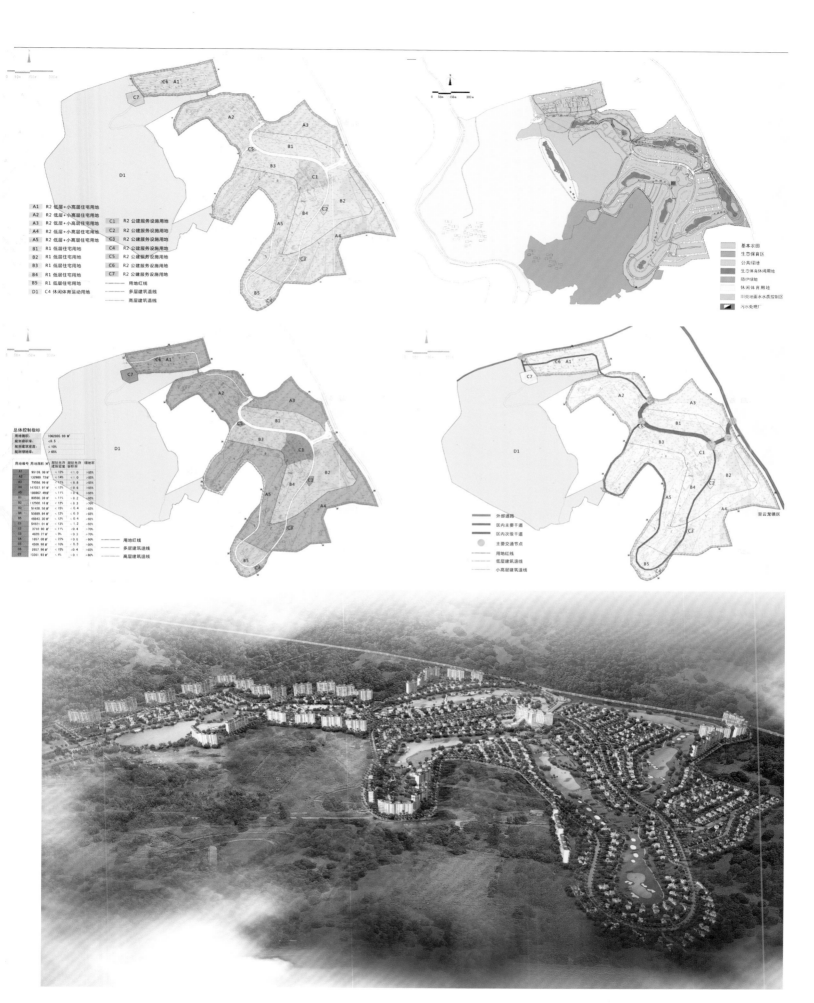

A1 R2 低层+小高层住宅用地
A2 R2 低层+小高层住宅用地
A3 R2 低层+小高层住宅用地
A4 R2 低层+小高层住宅用地
A5 R2 低层+小高层住宅用地
B1 R1 低层住宅用地
B2 R1 低层住宅用地
B3 R1 低层住宅用地
B4 R1 低层住宅用地
B5 R1 低层住宅用地
D1 C4 休闲体育运动用地

C1 R2 公建服务设施用地
C2 R2 公建服务设施用地
C3 R2 公建服务设施用地
C4 R2 公建服务设施用地
C5 R2 公建服务设施用地
C6 R2 公建服务设施用地
C7 R2 公建服务设施用地

用地红线
多层建筑退线
高层建筑退线

基本农田
生态保育区
公共绿地
生态体育休闲用地
防护绿地
休闲体育用地
旧貌地面水质控制区
污水处理厂

总体控制指标

外部道路
区内主要干道
区内次级干道
主要交通节点
用地红线
低层建筑退线
小高层建筑退线

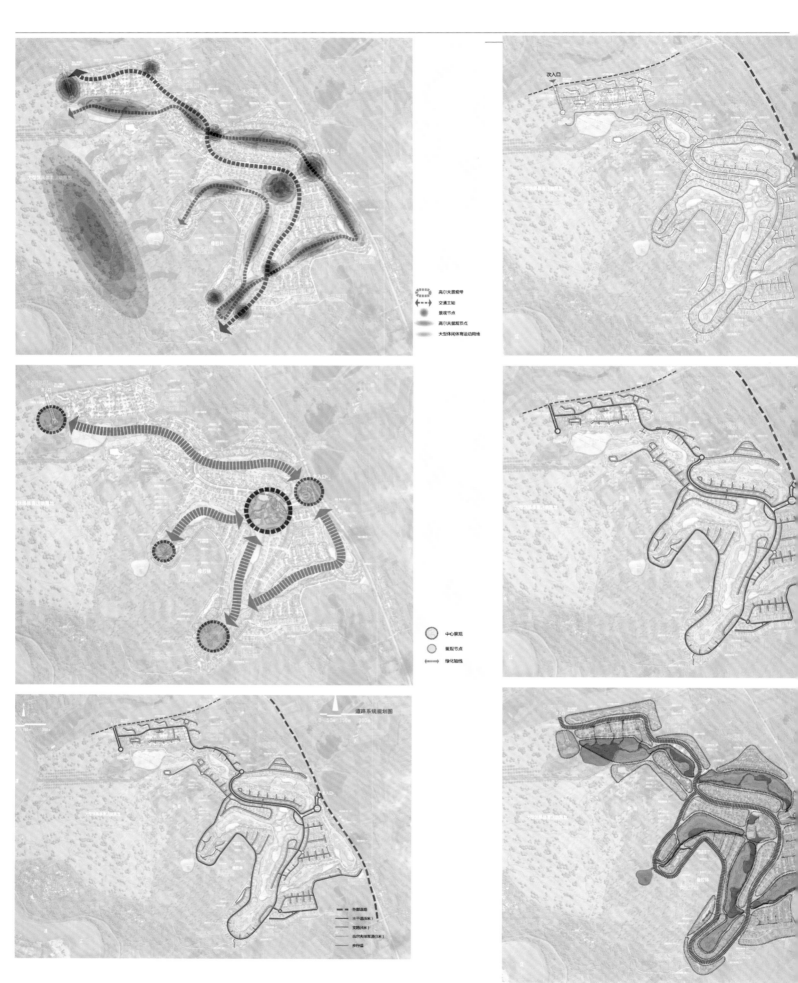

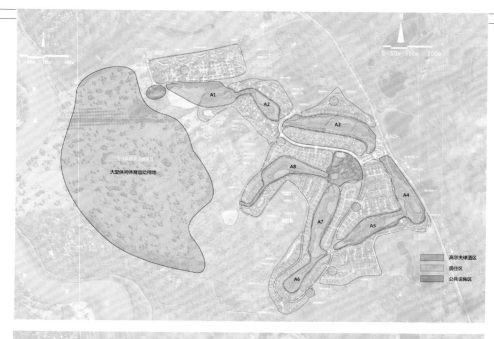

道路分级分析

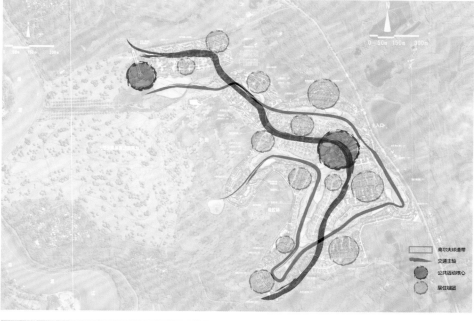

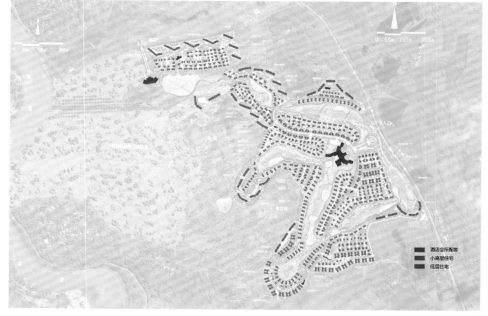

广安华蓥山温泉度假别墅区

项目地点：四川省广安华蓥山
开发商：华蓥山风景区温泉开发公司
建筑/规划/景观设计：ARJ设计顾问
占地面积：70 667 m²
建筑面积：95 000 m²
容积率：1.3

　　四川广安华蓥山温泉度假区是一个依托当地温泉旅游开发、发挥山地湖泊原生态自然资源优势、以"温泉度假温泉旅游温泉养生温泉居家"为主题的国际性温泉旅游别墅项目。总体布局充分利用湖景资源，做到景观资源利用最大化；从近湖区到远湖区，建筑形态由低到高，形成梯级层次的分布。建筑布局因地制宜，顺山姿借水势，错落起伏，疏密有致。建筑、山景、湖水、植被相映成趣，雕琢出丰富多彩、别具匠心的山地温泉别墅杰作。

　　低层温泉别墅为地上2~3层和地下1层，带下沉式花园，每户均有私家车库。建筑沿湖岸排列，拥有独立的温泉泡池和丰富的景观视线，独享天地灵气。户型设计充分考虑湖面景观的利用，尽可能让每户都能亲水。多层温泉别墅为地上5层和地下1层，带下沉式花园，地下1层停车后直接入户。户型设计适应当地气候特点及居住习惯，重视自然的采光通风与南北向的空气对流。平面以方正、实用、合理为原则。高层温泉别墅为地上8层，采用外廊布局，力求减少外界对别墅的影响。设置宽敞舒适的入户大堂，分别设有专门的主人电梯、服务电梯，另分别设置专门的主人活动流线、服务活动流线，流线合理便捷。尽享山地视野别墅尊崇，彰显尊贵。

　　建筑立面风格采用东南亚风格为主调，贴近依山傍水的自然条件，以湖景为核心，分散临湖布置低层温泉别墅—多层温泉别墅-高层温泉别墅，创造出体量错落有致的建筑形象。 绿化景观作为环境空间的扩展，通过大量的下沉式绿化庭院、景观阳台、露台，自然的水岸、坡地、树林，与浅丘地势和周边的湖光山色融为一体。

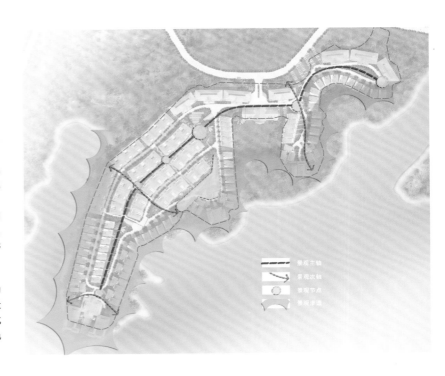

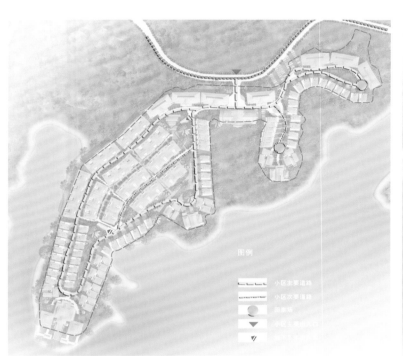

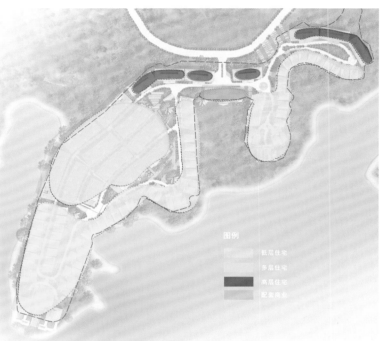

武汉红旗岛综合社区

项目地点：湖北省武汉市
景观设计：北京上奥时代建筑规划设计有限公司
规划设计：北京上奥时代建筑规划设计有限公司
占地面积：708 000 m²
总建筑面积：600 000 m²
容积率：0.85
绿化率：52%

设计以滨水高档社区为定位，集中了多种住宅产品，致力于打造多元化的城市社区。在公共设施的布置上，除了社区会所和商业街区之外，还考虑了游艇俱乐部。

深圳南澳世纪海景花园

项目地点：广东省深圳市
开 发 商：世纪海景实业发展（深圳）有限公司
建筑设计：陈世民建筑师事务所有限公司
占地面积：53 307.14 m²
建筑面积：49 408 m²

深圳南澳世纪海景花园位于深圳大鹏半岛最南端，拥有众多海湾。其中东冲、西冲、桔钓沙等悠长的沙滩而广受深圳人喜欢。该项目在近海岸位置叠落布置三排低层别墅建筑，并以前一排建筑不遮挡后一排海景景观为规划原则。均匀布局低层住宅，每家均有独立前后院落和属于自己的车道和出入口。在多层建筑前设置公共活动空间和绿化走廊，与低层建筑围合成各种花园平台，并沿地形走势将各花园平台叠落至海滨浴场，使建筑与空间环境融为一体。

项目的低层住宅采用点式布局，各栋建筑之间留出一定的视觉通道。第一排临海住宅采用二层设计，平面舒适紧凑，户户向海并享有阳光，每间房均有海景并且无遮挡；第二、第三排住宅随地形曲折布置，留出更多的绿化和景观空间。在多层住宅上采用三层叠加复式，以减少对后面山体的遮挡。而且每户都有宽阔的室外平台，成为饱尝海景的室外活动空间。

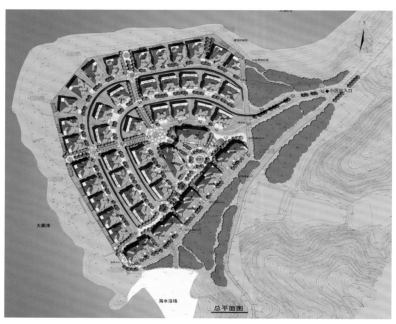

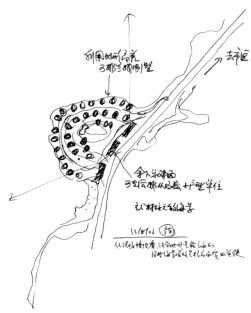

东莞中信森林湖（三期）玛瑙屿

项目地点：广东省东莞市
开 发 商：东莞市中信康华房地产开发有限公司
建筑设计：陈世民建筑师事务所有限公司
建筑面积：144 550 m²
占地面积：90 732 m²

　　中信森林湖（三期）玛瑙屿在规划升级上，秉承"利用水岸、坡度高差，演绎时尚与现代居住文化"的设计理念，集合一、二期别墅之所长，引湖入墅，山中种墅，建筑与自然共融共生。在园林升级上，保留面积为1.8万 m² 的天然山体，配合山体公园、中轴园林、入口广场等景观节点，营造人工湿地，并设置一些活动设施及散步小径，令园林变得更有趣味。在户型创新升级上，聘请英国皇家御用建筑设计师进行产品立面设计。车位比例达到1：1.5。建材优选铝合金门窗、中空玻璃，入户大门、楼梯等均采用优良建材。

　　首批在当年9月下旬推出的产品是湖居独立别墅及创新的院居联排别墅。湖居独栋将水引进二线和三线湖居之间，让一线和二线四面环水，布成招富引财之势。拥有山水资源的度假别墅从来都没有缺乏过，但能位居城市中心、而又能拥有山水资源的度假型的生活别墅就只有森林湖，玛瑙屿作为中信森林湖的封山之作，自然是最好的而且是最珍贵的。

西安金地湖城大境

项目地点：陕西省西安市
开发商：陕西金地佳和置业有限公司
建筑设计：北京建筑设计院
占地面积：800 000 m²
建筑面积：1 800 000 m²

　　金地湖城大境位于曲江池西路与曲江池南路交会处的东北角（曲江南湖畔），环绕曲江池遗址公园，北望大唐芙蓉园、大雁塔。金地湖城大境共十余地块，开发面积80万 m²，建筑面积180万 m²，涵盖酒店、商业、教育、景区建设、社区开发、旧城改造等多个领域。住宅部分共有8个独栋别墅、45个连排别墅、102个叠加别墅、210个小高层，总户数375户，绿化率55%，容积率为1。

　　在住区建筑形象上，力求营造沉稳、质朴、内敛、大气、宁静且富有质感的建筑形象，却又不乏简洁、精致的现代美感，并追求居住建筑宜人、亲切、人性化的高品格格调。从中式传统住宅中提取建筑元素，如砖墙、坡顶、庭院等，并将其进行重新组合和构置，同时也有现代建筑材料和设计手法的运用，使现代主义和古典主义相融合。在色彩上，采用黑白灰的素色，穿插少许亮色，使整个社区在浓厚的古韵和朴风中透着现代主义亲和感。希望用中西结合的设计手法，很好地诠释现代中国家庭的生活方式，赋予社区现代主义本土中式住宅的特色。项目不是在建筑形式上对传统元素的简单复制，而是在空间关系组合上以及意境营造上再现中式住宅的神韵。

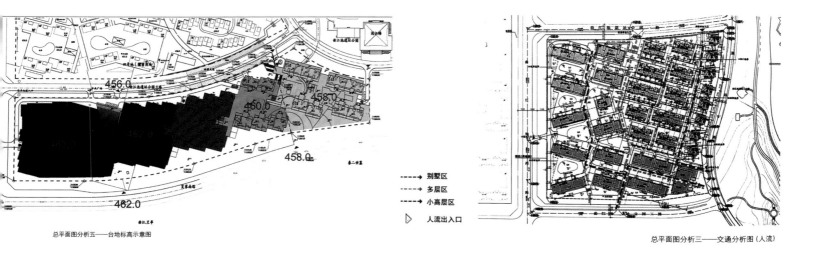

总平面图分析五——台地标高示意图

 总平面图分析三——交通分析图（人流）

- - - →　别墅区
- - - →　多层区
- - - →　小高层区
▷　人流出入口

广州金地荔湖城

项目地点：广东省广州新塘新新五路
开发商：广州东凌房地产开发有限公司
建筑设计：百年建筑设计利安集团
占地面积：542 735 m²
总建筑面积：610 670.74 m²
容积率：0.977
绿化率：41%

金地荔湖城项目的自然资源得天独厚，分为东、南、西三个地块。地块原为自然山林地块，外环连绵起伏的群山，内绕千亩清幽明澈的余家庄水库，南望林木葱郁的南香山西麓，与万顷绿茵27洞荔湖高尔夫球场隔水相望。

一期开发的产品类型丰富，呈现九个独立组团分布，包括三叠院（5层类别墅洋房）、几何公寓、15度洋房、100坊（独立别墅）等。不同类型的产品设计各有特色，产品都有多种面积区间的户型可供选择，大部分可望湖景、山景，均好性佳。

金地荔湖城A地块二期位于荔湖城这一复合型城市社区中心地带，其延续一期"尊重自然，尊重土地"的开发原则，通过科学而创新的规划，最大限度地利用半岛地形优势与湖岸资源，让现代简洁而富有美学设计风格的建筑、人性化的户型再次升级，并与大自然真正地融合在一起。

从化温泉高尔夫花园

项目地点：广东省广州从化
开发商：广州德和投资发展有限公司
规划/建筑设计：深圳市筑博工程设计有限公司
景观设计：澳大利亚PLACE景观设计集团
总建筑面积：120 963 m²
容积率：0.62
绿化率：42.92%

项目位于素有"广州后花园"之称的从化市温泉镇风景区。区域环境优美，资源丰富，生态平衡。用地东临105国道，南接温泉高尔夫球场，西有茂密的原生态丛林，西北角是静静流淌的流溪河，北面就是静谧祥和的温泉小镇商业街。用地内沟壑纵横，整体呈现高台的形态，地块具有相对的独立性。

规划中在地块的核心区域设置了纵横十字形两条主景观轴，并在轴线上设置一个社区中心景观区（开放型），两个组团中心区（半开放型）。在用地西侧，利用地势，在社区与原生态植被之间形成一个带状湖泊，是人与自然和谐共生的"缓冲器"，由此形成了"一带、二轴、三中心"的规划结构。

道路系统依山就势布置。主干道不必太宽，满足消防环道的坡度、宽度及转弯半径即可。次干道结合地形及建筑组群，自由拓展，灵活运用"之字路"、"半边街"、"爬山街"等多种形式，以体现山地住宅的特色，并形成多层次、活泼、有机的道路网络结构，使道路既是交通的动脉，又形成不断延伸的观景线。步行系统在细部处理上保持了山地的特征，以视线联系的多样化，减弱因地形坡度带来的疲劳感，使之成为居民散步、健身和赏景的情趣小径。

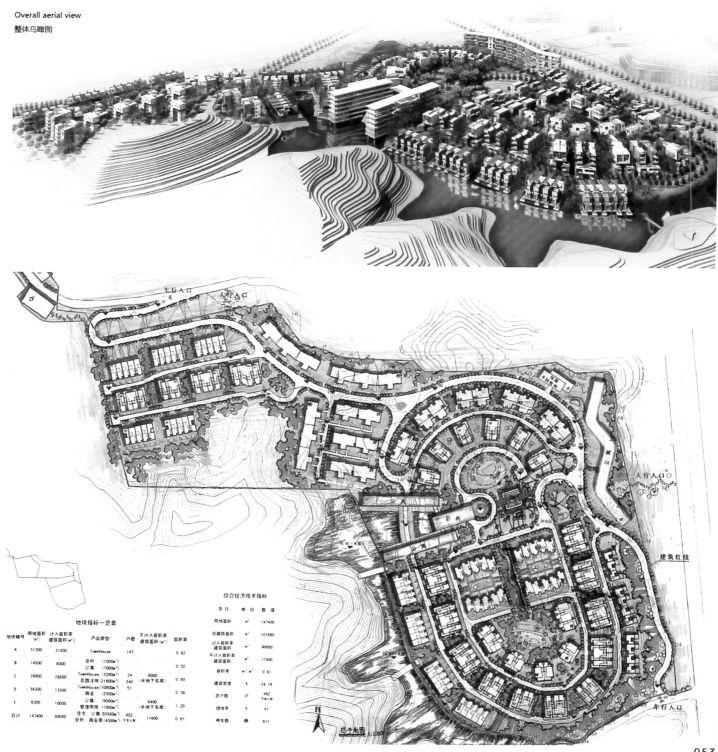

Overall aerial view
整体鸟瞰图

成都金林半岛

项目地点：四川省成都市
开发商：成都浩林实业发展公司
建筑设计：何显毅（中国）建筑工程师楼有限公司
占地面积：93 380 m²
总建筑面积：78 000 m²
容积率：0.9

　　金林半岛占地面积93 380 m²，是低密度住宅用地。在总体布局上，充分利用浣花溪带形环状水系，营造中心湖面，以会所为中心将南北两块蚌形地块联系在一起。沿水系及步行绿色景观轴线与具有不同特点和使用功能的住宅组合形态结合，采用了多种设计手法。

　　在户型的设计方面，A型为独立别墅，B型为联体别墅，都拥有前后花园。C型为联排复式（楼中楼）别墅，D型为别墅式公寓，底层复式拥有前花园，上层复式拥有后花园及结合楼梯的空中花园。E型拥有一个绿化的大平台，顶层更有空中花园。

　　在建筑造型方面，方案在建筑形式设计上根据中国的建筑理论把建筑分成"头"、"身"、"脚"三个部分考虑。下部建筑运用传统的沉稳的形式，用灰色花岗石的饰面处理建筑中部，上部对入口等细部精雕细琢，使建筑拥有中国建筑神韵的风格，形成金林半岛的特色。

惠州御龙山居住小区（一期）

项目地点：广东省惠州市
开发商：惠州市润宇置业投资有限公司
建筑设计：深圳市水木清建筑设计事务所
占地面积：83 364.6 m²
总建筑面积：74 747.8 m²
容积率：0.78
绿化率：40%

项目位于惠州市新区西南方的丘陵地区，其北部有现状道路与城市衔接，其西面为红花湖公园及自然生态保护区，四周均为尚未开发的山地。一期用地内的中、北部大面积为平整木林地（已经迁植）；南部和东北部有隆起的丘陵；东部中间有一沟壑。

规划中强调有充足的阳光、自然风，尽量保护自然地貌、植被与水源。合理利用自然条件，扩大人与自然的联系，引水开湖，优化居住环境，注重住区的环境保护。

小区内设有公共健身设施、家政服务系统、室内外公共活动场所等，以保证健康硬件建设。而对全体住户的健康宣传教育行动则是和谐社区的不可分离的软件。

室外环境创造良好的社交空间以营造尊老爱幼的气氛，室内环境注重私密性，尊重居者个性心理要求，建设和谐社区。

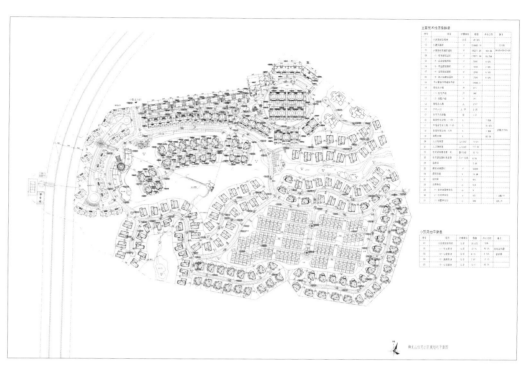

三亚半山半岛

项目地点：海南省三亚小东海鹿回头半岛
建筑设计：建言建筑设计有限公司
景观设计：翰祥景观设计有限公司
占地面积：704 000 m²
总建筑面积：490 000 m²

半山半岛位于三亚小东海鹿回头半岛，整个半岛由鹿回头公园、鹿回头岭两山和小东海、鹿回头湾两湾组成，是三亚市西至海坡、东至亚龙湾的50 km海岸线中唯一一个待开发的半岛，有着优质的沙滩和背山面海的绝顶自然资源。

半山半岛整个项目包括临海别墅、观海公寓、洲际酒店、豪华商业街、国际潜水基地、游艇会等。设计中打破传统的住宅格局，四面构成环形回廊，既加强了阴凉和通风

的效果，又创造出更多人与自然沟通交流的空间，双海湾景致尽收眼底。

半山半岛一期主要有两种产品：高层海景公寓和坡地水景别墅。公寓是纯板式结构，面积为110～200 m²，有的户型甚至可以看到双海湾。独栋别墅共79套，300 m²左右，每户均拥有独立泳池及SPA，设计风格非常独特，具有典型的南洋风情，通过水系将各户相联系，感觉就像生活在海上一样。

总平面图

用地红线
建筑退界线
别墅组团
销售中心
小高层住宅
派出所　消防站
小型旅馆
垃圾回收总站
建筑退界线
小高层住宅
用地红线
25米等高线
商业会所
酒店式公寓
别墅组团
高层海景住宅
小高层住宅
别墅组团
洲际酒店
洲际酒店公寓

消防分析图

- ⬤ 消防登高面
- ▬ 消防扑救面
- → 消防车道
- ⇢ 紧急消防车道
- ▢ 消防车回车场地

景观分析图

- → 公共景观带
- ◯ 景观节点
- ▢ 社区中心景观带

停车分析

注：本设计中，机动车停车位普通
住宅按每户0.3辆配置，别墅
按每户1辆配置，现有公寓1380
户，别墅41户，共需停车位455
个，本设计总停车数量为536辆
，已满足停车要求。

- ▨ 地下车库 （ 448 辆）
- ▢ 地面停车位 （ 88 辆）

规划道路与交通分析图

- ▶ 社区出入口
- Ⓟ 地下停车库出入口
- → 城市道路
- → 人行动线
- ⇢ 人行动线（上有建筑物覆盖）
- ⇢ 社区车行动线

空间形态研究过程

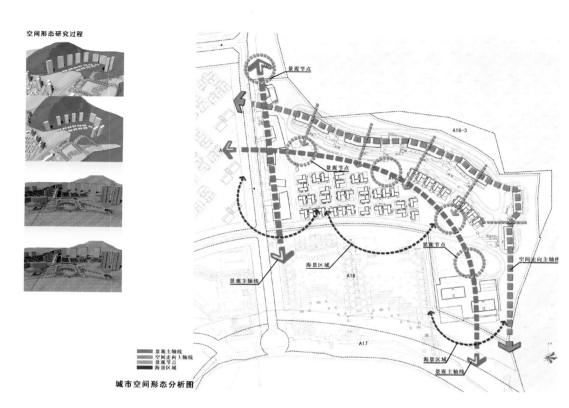

城市空间形态分析图

■ 商业配套服务区沿7号路布置，结合主要视觉景观通道，形成丰富的城市空间及景观层次。

■ 商业服务区为周边地区提供了配套服务。

■ 基地北面的高层住宅依山而建面向大海。一览鹿回头半岛与小东海全景。

■ 别墅坐落于基地地势平缓的区域，形成组团式的居住空间和宁静的景观环境。

■ 南面的塔式高层住宅与洲际酒店的空间形态相呼应，形成高低错落的城市天际线。

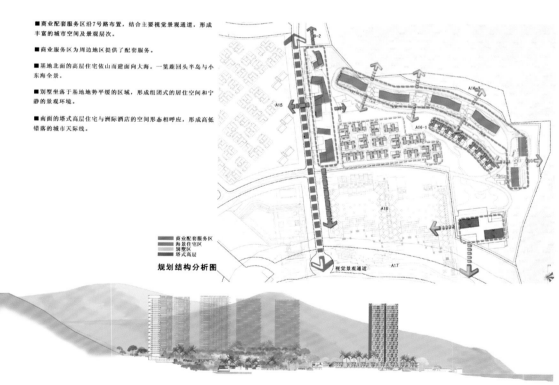

规划结构分析图

广州金湖花园四期

项目地点：广东省广州市白云区
开发商：广州金湖住宅发展有限公司
建筑设计：华森建筑与工程设计顾问有限公司
占地面积：100 000 m²
总建筑面积：100 000 m²

　　项目位于白云区沙太北路，占地面积100 000 m²，总建筑面积100 000 m²，其中住宅建筑面积82 000 m²。小区内设有幼儿园、文体活动中心等。产品主要有公寓和复式洋房两种。其中复式洋房每户建筑面积为200～300 m²。

北京中体奥林匹克花园·西花汀别墅

项目地点：北京市丰台区
开发商：北京创世愿景房地产开发有限公司
占地面积：365 000 m²
总建筑面积：280 000 m²
容积率：1.00
绿化率：40%

　　中体奥林匹克花园·西花汀别墅项目位于北京市丰台区长辛店镇新住宅规划区，东接西五环、南邻京石高速路、西北与古树公园相连，距六里桥仅10 km。一期规划建设以Town House和花园洋房相结合的产品，总建筑面积约300 000 m²。二期位于一期地块的西北侧，产品仍以联排别墅为主，户型建筑面积在180~250 m²之间。

　　项目的整体规划遵循"自然、生态、健康、和谐"的理念，充分利用坡地地貌的优势，并通过利用地形前后和左右本身的自然落差，打造坡地建筑，依地势建立层次有别、错落有致的建筑体，使建筑更生动、更立体。基本上以原有的坡地地形营造社区景观，充分抵消别墅户与户之间的对视和干扰。

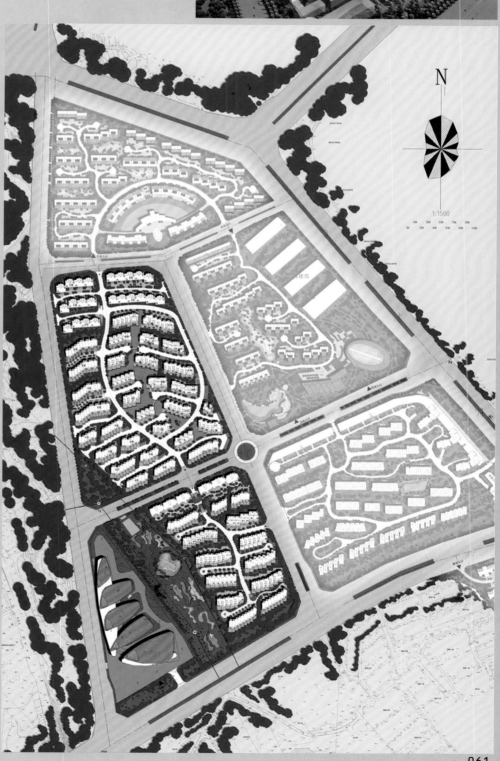

泉州宝珊花园

项目地点：福建省泉州市
开发商：香港南益地产集团
占地面积：1 531 800 m²
总建筑面积：24 500 m²

　　宝珊花园是福建唯一一个拥有山、湖、林、海及城市景观的超大型山水别墅，位于泉州市的东南角。其占地面积1 531 800 m²，坐北朝南，北依泉州"绿心"桃花山海鸟保护区、森林公园，南望泉州湾与晋江，西南方远眺泉州繁华的市景；四周湖山环抱，区内拥有两大天然湖泊——鲤湖和珠湖。

　　宝珊花园利用自然地貌，依山就势，在充分考虑别墅与自然景观和谐统一的同时，汲取西方建筑文化与外观之精髓，结合当地闽南生活习惯，设计出欧陆风格的建筑。项目规划有"观海苑、朝阳苑、怡湖苑、浪琴苑、凌峰苑、潮江苑"六个区。

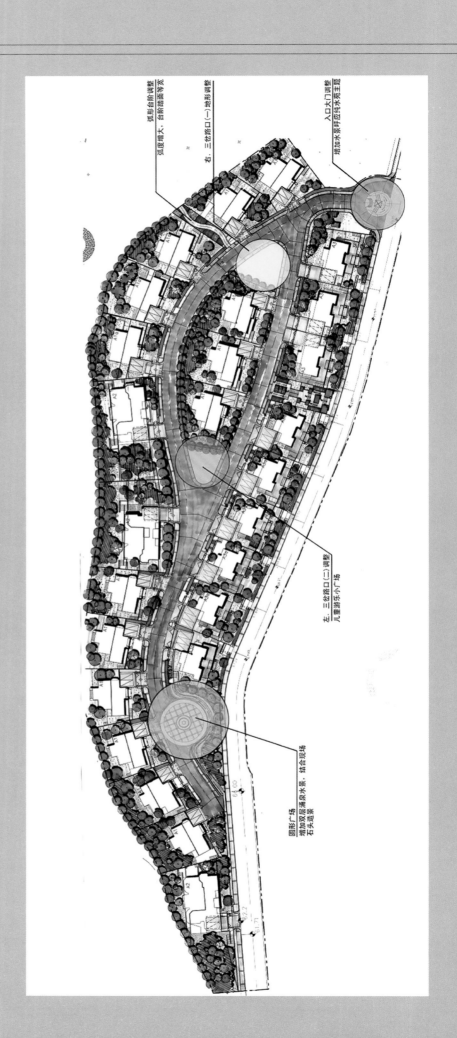

惠阳半岛一号

项目地点：广东省惠阳市
开发商：惠阳新城市房地产开发公司
建筑设计：华森建筑与工程设计顾问有限公司
占地面积：143 000 m²
总建筑面积：130 000 m²

　　惠阳半岛一号地处深汕高速公路以北，向南与惠阳区文化行政中心隔路相望，西北紧临北环路，与叶挺故居——秋长镇相望，西南与棕榈岛高尔夫球场相邻，形成了行政、休闲、文化、体育、居住的中心区。

　　整体规划按现代化城市生活安排社区配套，又以宁静、宽松、闲适的乡村生活为尺度，以"文化、健康、快乐"为主题，用"人性、时尚、风情"来打造。项目为国际化的大规模公园生态大社区，坐拥近100万 m²体育公园、体育会展中心和标准27洞高尔夫球场。

杭州郁金香岸

项目地点：浙江省杭州市萧山闻堰
开发商：浙江西子置业有限公司
建筑设计：浙江绿城东方建筑设计有限公司
景观设计：雅博奥顿国际设计有限公司
占地面积：172 008 m²
总建筑面积：31 749 m²
绿化率：36%

　　郁金香岸位于闻堰板块沿江6.5km居住区内，东临万达路，西滨钱塘江，南接已建成的三江花园，北依通和·戈雅公寓，自然环境优美，交通、通讯便捷。

　　郁金香岸建筑造型为新古典主义风格，在规划设计上充分利用了钱塘江的景观资源，通过地下开挖将基地抬高，排屋临江布置，高层沿路排列，整个小区的布局精巧，错落有致，远观简洁、现代，近看精神、典雅。城市天际线丰富、生动，小区70%的住户可以享受到一线江景。单体设计重视户型设计、景观资源的利用，旨在营造出一个满足未来生活需求、充满高尚气质与优雅个性、与钱塘江共生呼吸的现代都市住宅。

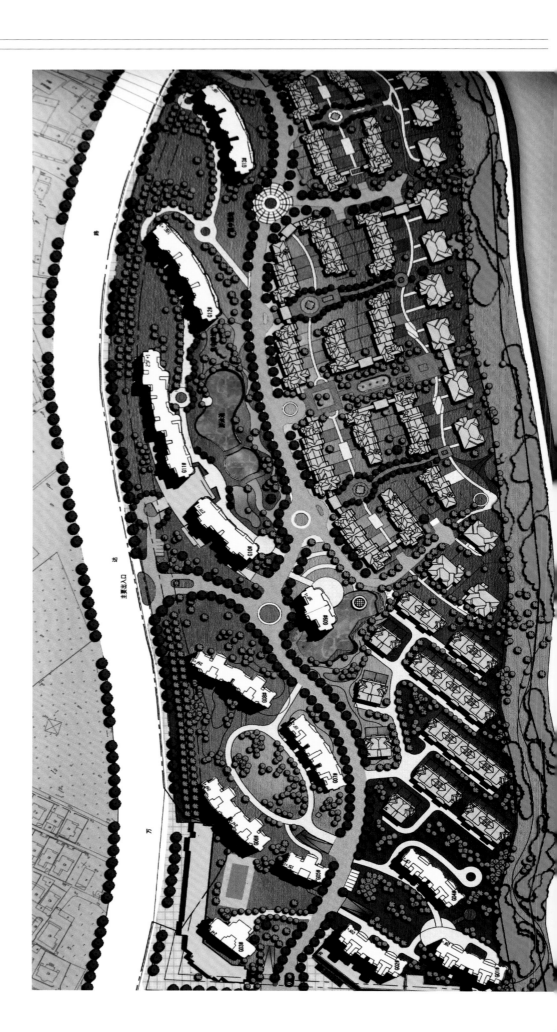

苏州中新置地

项目地点：江苏省苏州市
建筑设计：博创国际（加拿大）建筑设计事务所
占地面积：113 304.21 m²
总建筑面积：219 824.2 m²
容积率：1.05

　　该项目沿双阳路两侧布局，南侧以工业和产业发展配套为主，规划有标准厂房和产业用地，北侧以研发、居住、商业和基础设施配套为主，规划了高科技产业研发办公楼、研发用地、各类商业设施、住宅小区、学校、邻里中心等社会公益设施和休闲娱乐场所。

　　项目的建筑是通过采用通透性的建筑形态塑造良好的通风环境，并设置不同形式的遮阳板以降低外表面热负荷。建筑屋顶则采用无土草坪绿化用以改善局部气候环境。

技术经济指标（241A地块）

项目名称	单位	数值
241A地块用地面积	M2	116535.28
总建筑面积	M2	155236.8
容积率总建筑面积	M2	120246
住宅建筑面积	M2	116750
其中 商业及会所建筑面积(含架空层商业)	M2	3496
不计容建筑总面积	M2	34990.8
住宅地下室建筑面积	M2	17470.8
住宅架空层建筑面积	M2	14900
其中 半地下车库建筑面积	M2	5860
地下车库建筑面积	M2	9040
住宅架空层建筑面积	M2	2620
容积率		1.03
建筑基底面积	M2	19313
建筑密度		16.57%
绿化率		50.7%
总户数	户	1113
总停车位	个	1011
其中 住宅停车位	个	976
地面停车	个	317
地下停车	个	659
商业停车位	个	35

各产品分用地指标

项目名称	用地面积(M2)	建筑面积(M2)	户数(户)	停车位(个)
高层住宅	17450	69660	702	581
花园洋房住宅	18223.1	20190	184	168
联排别墅住宅	64676.48	26880	227	227
商业	9087.7	3496		35
小区公共绿地	7098			

注：商业停车1辆/100平米/户计，联排别墅停车1辆/户计，其余住宅停车1辆/120平米计。

武汉宝安山水龙城

项目地点：湖北武汉盘龙经济开发区
开发商：武汉华安置业有限公司
占地面积：126 540 m²
建筑面积：76 000 m²
容积率：0.6
绿化率：50%

　　项目地块内含甲宝山和露甲山的山川林海，紧邻面积为1 000 000 m²烟波浩淼的汤仁海，借原生态自然景观营造了私属的山顶公园、海拔数十米的山顶观景台、5 000 m的湖滨岸线。宝安山水龙城是以山地联排别墅、叠加空中美墅和半山独体别墅为主的低密度住宅，配以适量的商业公共配套。项目挖掘传统建筑的精髓，以前庭后院带天井的中式风格建筑承中国文化，得山水之魂，是扎根于本土的自然和谐的灵性建筑。

机场高速

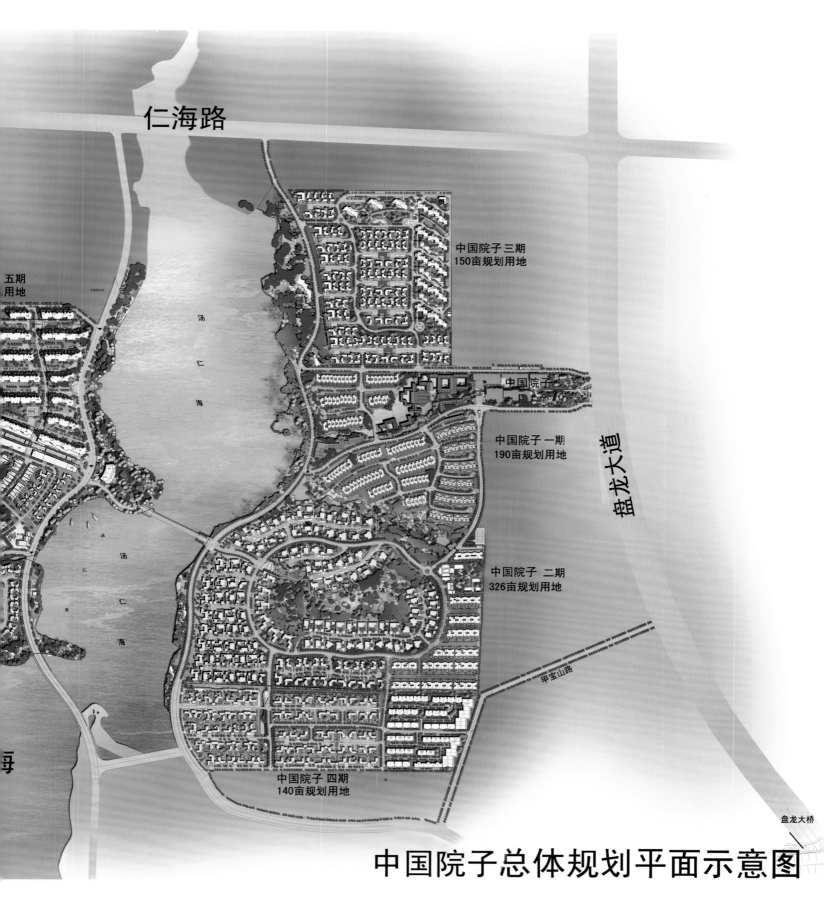

仁海路

五期
用地

汤
仁
海

中国院子 三期
150亩规划用地

中国院子

中国院子 一期
190亩规划用地

盘龙大道

汤
仁
海

中国院子 二期
326亩规划用地

甲宝山路

中国院子 四期
140亩规划用地

盘龙大桥

中国院子总体规划平面示意图

济南山水云天

项目地点：山东省济南市
建筑设计：瀚华建筑设计有限公司
占地面积：48 200 m²
总建筑面积：43 443.9 m²

　　山水云天项目用地基本呈"L"形，项目规划结合济南本地建筑特色与地域文化，在北边和南边都采取了退台、叠级方式，以布置大量的联排住宅，并利用住宅的高差关系，设置半地下车库。每个组团都有大量的公共绿地可以作为各组团的活动中心和服务中心，并提供交流空间。

　　在外立面设计中，充分结合当地的历史痕迹与浑厚的文化底蕴，同时又摒弃了复杂的机理和装饰，简化了线条，与现代的材质相结合，呈现出古典而简约的新风貌，将怀古的浪漫情怀与现代人对生活的需求相结合，兼容华贵典雅与时尚现代，突显建筑大气与挺拔。

惠州雅居乐·白鹭湖

项目地点：广东省惠州市
投资商：惠城区人民政府
　　　　雅居乐地产控股有限公司
开发商：惠州白鹭湖旅游实业开发有限公司
建筑设计：美国WATG设计事务所
园林设计：新加坡贝尔高林
占地面积：10 666 666 m²

惠州雅居乐·白鹭湖项目占地面积10 666 666 m²，湖面面积2 666 666 m²，距离惠州市中心9.2 km。将建设成集主题公园、会议中心、休闲度假居所及住宅于一体，并以惠州为基点，辐射深圳、香港、东莞、广州的综合型高端项目。

整个项目包括五星级以上酒店、游艇码头、人工沙滩、休闲生态园、拓展活动基地、马术俱乐部、郊游经营、娱乐购物区、休闲度假山庄等建筑和设施。

文登南海新区苏格兰城及北欧小镇

项目地点：山东省文登市
规划设计：加拿大宝佳国际建筑师有限公司
占地面积：756 800 m²
总建筑面积：603 700 m²
容积率：1.11

　　苏格兰城北起昌盛路，西邻英伦湾小区，东邻体育休闲公园，用地规模380 500 m²。北欧小镇东邻体育休闲公园，北侧邻规划水系，南侧为规划城市道路，用地规模376 300 m²。总占地面积为756 800 m²。

　　项目通过合理规划，使小区的整体环境具有鲜明的形象和品位特征，水体、绿带、城市、社区融为一体；通过精心设计使各小区与周边的住宅区相比，在建筑形式、户型设计上具有特色；在小区中引入符合信息时代特征的新技术、新设备，赋予整个小区设计以时代特征。通过对建筑单体、空间形式的创意和新技术的运用，在整体格调统一、与周边环境相协调的前提下，使形体创造更具魅力。强调住宅环境与建筑、单体与群体、空间与实体的整合性。

　　规划中注重住区环境、建筑群体、城市发展风貌的协调。通过小区的智能化系统建设，使小区住户能够高速便捷地与信息高速公路连接。

① 多层住宅 Multi-Story Residential
② 中高层住宅 Mid-Rise Residential
③ 低层住宅 Low-Rise Residential
④ 商业网点 Retail Service
⑤ 幼儿园 Kindergarten
⑥ 综合服务中心 Commons
⑦ 超市 Supermarket
⑧ 会所 Club
⑨ 公园 Garden
⑩ 游泳池 Swimming Pool
⑪ 变配电室 Power Room
⑫ 开闭站 Electric Switch Room
⑬ 垃圾回收站 Dumpster
⑭ 公厕 Restroom
⑮ 弱电机房 Low-Voltage Power Room
⑯ 中水处理站 Grey Water Treatment Facility

北京当代万万树 MOMA

项目地点：北京市顺义区
开发商：北京东君房地产开发有限公司
规划/建筑设计：奥地利B+E建筑设计事务所
总建筑面积：99 957 m²

　　当代万万树MOMA项目位于北京市顺义区高丽营镇，南邻顺沙路及北六环，东接火寺路，西邻方氏渠，交通便利，自然景观较好。

　　当代万万树MOMA的整体规划从中国式院落的传统人居精粹中汲取灵感，分别以银杏、杜仲、梧桐、枫树、泡桐等珍稀树种为主题设计了25个组团布局。其中，A地块分布17个组团，总共77套别墅；B地块8个组团，总共52套别墅。每个组团由四到五栋别墅围合组成，既考虑到每家每户的独立特征，又照顾到邻里之间融合共存的关系，构筑和谐有机的新邻里共享空间。单层屋面均设屋顶绿化，既增加了屋面的隔热效果，又美化了生活环境。

广州南沙境界

项目地点：广东省广州市南沙区
开发商：北方万坤置业有限公司
建筑设计：BDCL（博德西奥）国际建筑设计有限公司
　　　　　贝尔高林国际（香港）有限公司
占地面积：210 000 m²
总建筑面积：230 000 m²
容积率：0.93
绿化率：43.10%

　　南沙境界位于南沙黄阁镇市南公路。项目总用地面积210 000 m²，总建筑面积230 000 m²，享有近50 000 m²的私家山体公园。

　　项目整体设计以"叶脉布局"为规划思想，自北向南分别由开放的城市区、半开放的田园风景区以及私密的自然生态区三个主题区域组成，共有产品约1 300套。产品丰富多样，包括合院别墅、联排别墅、叠拼别墅、精品酒店式公寓、阳光公寓、山景公寓、半山景观公寓等建筑类型。

LEGEND 说明

1　VEHICULAR ENTRANCE
　　车辆入口区
2　ENTRY WATER FEATURE
　　入口水景
3　MAIN ACCESS ROAD WITH BIG CANOPY TREES
　　林荫大道
4　COMMERCIAL ZONE PEDESTRIAN MALL
　　WITH PLAZA & WATER FEATURE
　　商业中心步行街与水景
5　UPPER CLUBHOUSE WATER FEATURE
　　高级会所水景
6　EXISTING LAKE
　　原有湖泊
7　FOREST JOGGING TRACK
　　森林慢跑径
8　TOP VIEW PAVILION
　　观景凉亭
9　HIGH POINT RESTING AREA
　　高处休息区
10　RESTING AREA
　　休息区
11　CLUB TERRACED SWIMMING
　　POOL WITH INFINITY EDGE
　　阶梯泳池及无边界泳池
12　"CRISP" EDGE RIVER
　　锐利河边
13　RESIDENTIAL RECREATIONAL AREA
　　WITH FEATURE MOUNDS
　　居民休闲区及特色景观草坪
14　"NATURAL" EDGE RIVER WITH
　　CASCADING BOULDERS
　　自然滩边及层层岩石
15　"NATURAL" WATERFALL
　　自然瀑布
16　"NATURAL" LAGOON
　　自然人工湖
17　PAVILION
　　凉亭
18　SECONDARY ROAD WITH TROPICAL
　　COUNTRYSIDE PLANTING SETTING
　　次干道及热带乡村植栽设计

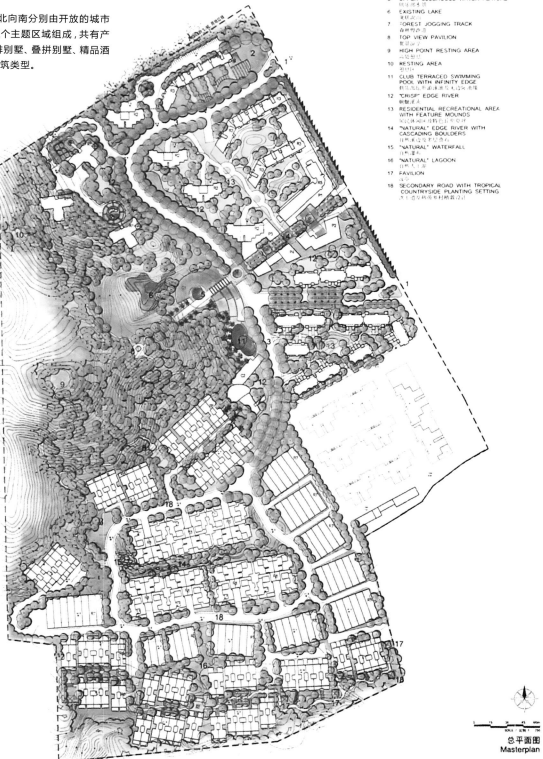

总平面图
Masterplan

广州中海蓝湾

项目地点：广东省广州番禺区
开发商：中海发展（广州）有限公司
占地面积：28 000 m²
总建筑面积：100 000 m²

　　项目北面临珠江，东接苗圃，全板式造型。六栋独立式庭院住宅面江而建，两栋32层的全板式建筑呈L状，两梯两户，每一户都能看到江景。

三明世外桃源温泉谷

项目地点：福建省三明市大田县
规划/建筑/景观设计：澳大利亚SDG设计集团
占地面积：355 800 m²
总建筑面积：160 000 m²
容积率：0.57
绿化率：45%

　　此方案分南北两个区：温泉公寓区和温泉酒店区（溪南、溪北）。主入口设在拟建路延长线上，入口明确，联系方便。其中南区为温泉酒店、温泉会所，各有自己的独立入口和前广场。酒店设在靠近主路一侧，一来人流交通方便，二来体量相对较大，沿路醒目，地标作用明显。会所相对靠里，一来相对安静、私密，二来与后面温泉区及山体衔接紧密，但温泉会所的入口在用地核心位置，充分显示在该项目中的重要位置。整个区域有水系环绕，提升环境品质，水系在桥下码头处可与均溪相通。

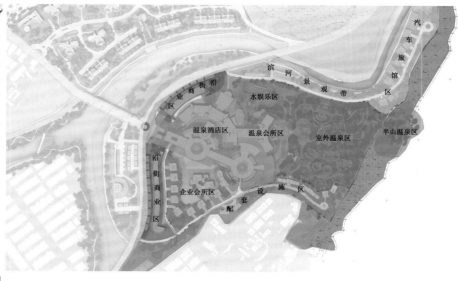

项目现状图

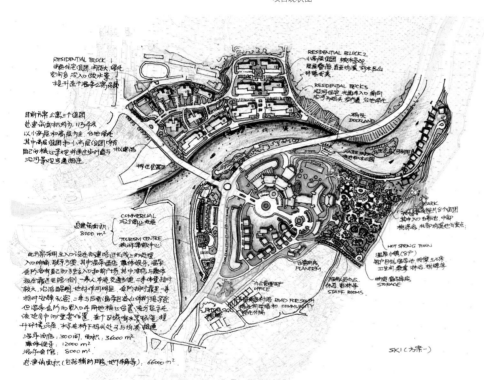

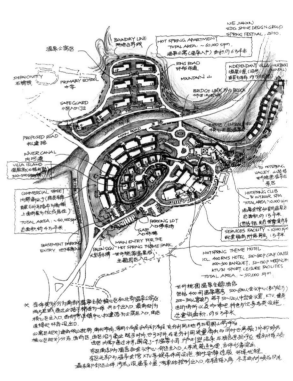

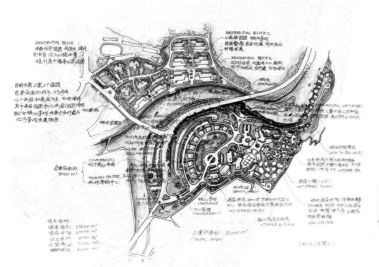

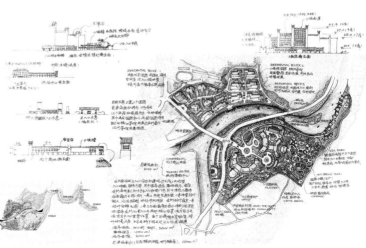

滨河码头景观
园区水景观
滨河景观带
半山温泉景观

北京鲁能格拉斯小镇

项目地点：北京市
规划/建筑设计：北京翰时国际建筑设计咨询有限公司
占地面积：26 800 m²
总建筑面积：26 214 m²
容积率：0.66

　　鲁能格拉斯小镇位于北京温榆河畔东海别墅社区的核心位置，建筑布局是从传统小镇的街区模式转化而来的，多个小建筑单体功能相辅相成，围成一个建筑群落，各建筑使用可分可合，建筑平面功能多样化，创造了一种商业新模式。在鲁能格拉斯小镇的规划设计中，沿河的中心花园、东北角的小广场、西南角的滨河休闲广场、小镇入口广场是整个小镇最重要的四个结点空间，形成小镇的步行商业序列。

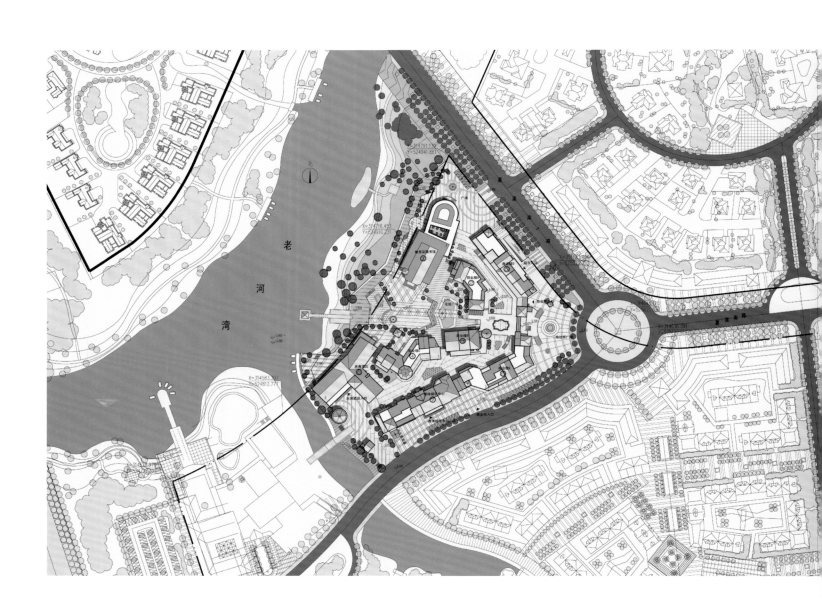

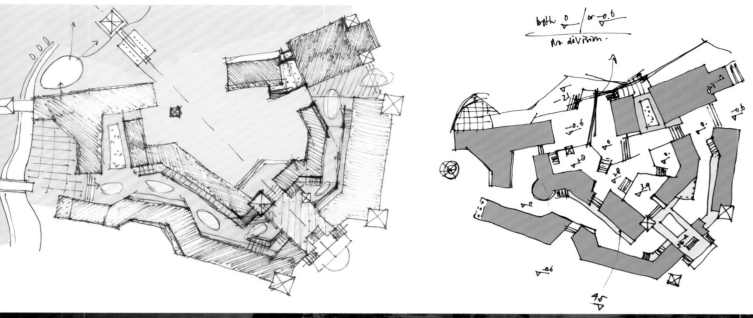

琼海万泉河温泉小镇

项目地点：海南省琼海市官塘旅游度假区
开发商：琼海世纪华宇置业有限公司
规划设计：北京天地都市设计有限公司
建筑设计：海南南方建筑设计有限公司
　　　　　北京天地都市设计有限公司
景观设计：新加坡（TG）热带园林设计有限公司
占地面积：153 333 m²
总建筑面积：167 917 m²
容积率：1.1
绿化率：53%

　　万泉河温泉小镇地处海南省琼海市官塘度假区，总占地153 333 m²，总住户约2 000户，建筑面积167 917 m²，其中小高层公寓20栋，别墅区59栋别墅，共108户。整个小区分三期开发，一期为板式结构，120 m²左右，多数为三房二厅及二房二厅。二期为35~71 m²，户型以大开间、一房一厅、二房二厅的中小户型为主。三期为别墅项目。

　　小区还配有一个四星级的酒店。位于小区南边的官帽山，形状像一个官员的乌纱帽，山上是热带雨林植被，项目将在这个小山上修建多个特色温泉泡池。整个小区的建筑为现代化的简约风格，全部建成后，此小区将是一个不可多得的修身养性、度假观景的世外桃源。

规划鸟瞰示意图

深圳华侨城天麓六区

项目地点：广东省深圳市
建筑设计：深圳市傲地设计有限公司
主设计师：梁文杰、周敬强、裴协民
占地面积：135 000 m²
总建筑面积：53 000 m²
容积率：0.22
绿化率：82%

　　项目位于深圳市盐田区北侧三洲田旅游区的核心位置，西面、南面是连绵的山峰，东北紧邻大水坑水库。用地呈不规则外形，最大高差约40 m。用地主要由中部的两座山头组成，两座山头之间形成一段山谷，西面和西南面山坡相对平缓，而临水的东面坡度相对较陡。

　　三个地块东北侧水库景观优良，地形坡度平缓，布置区内档次最高的双拼别墅，充分利用自然景观资源。地块北侧及中部、南部山坳景观视野较窄，规划设置湖面从而丰富内部景观，布置多层洋房等提高用地效率。

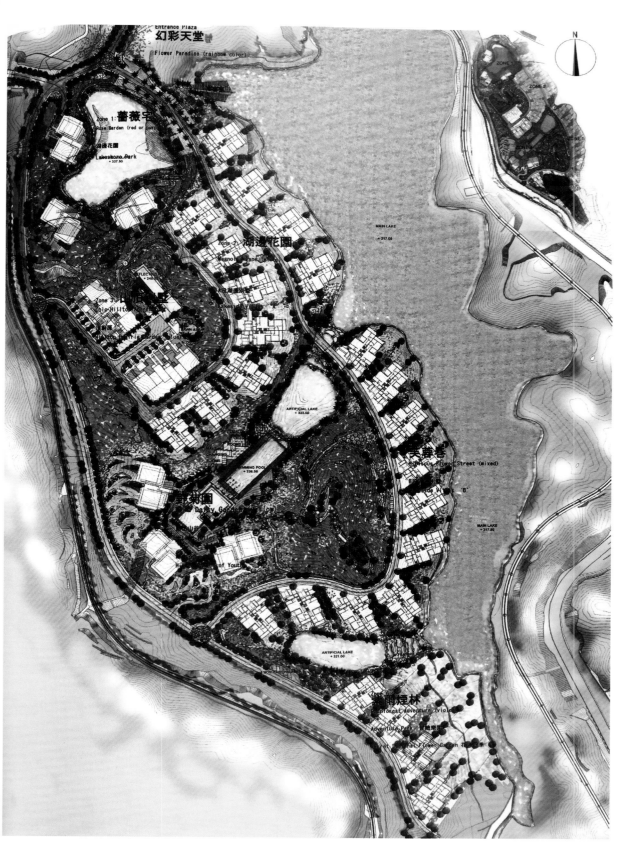

扬州凯运天地

项目地点：江苏省扬州市
建筑设计：博创国际（加拿大）建筑设计事务所
占地面积：74 431 m²
总建筑面积：416 182 m²

　　项目位于扬州市古运河东岸，东、南、北侧均有城市道路。基地内地形平坦，区位和环境条件十分优越。基地西侧紧邻古运河，规划中沿岸留有30 m宽的景观带，并对沿岸建筑作出了不得高于5层的控高要求。

扬州凯运天地3#地块规划总平面图

上海朱家角泰安公寓

项目地点：上海市
开发商：朱家角投资有限公司
建筑设计：BAU建筑与城市设计事务所
占地面积：132 200 m²
总建筑面积：118 900 m²

　　根据水乡的建筑特点，设计中运用最简单的方式创造了无限多样的形式。朝西面和南面的白色砖瓦墙等重复的元素形成了复杂的建筑群。

　　河边的步行道、小巷和广场创造了可渗透的循环网络系统，为公共商业空间创造了最大的潜能。新鲜食物的集市和社区中心也是另一个富有商机的项目。

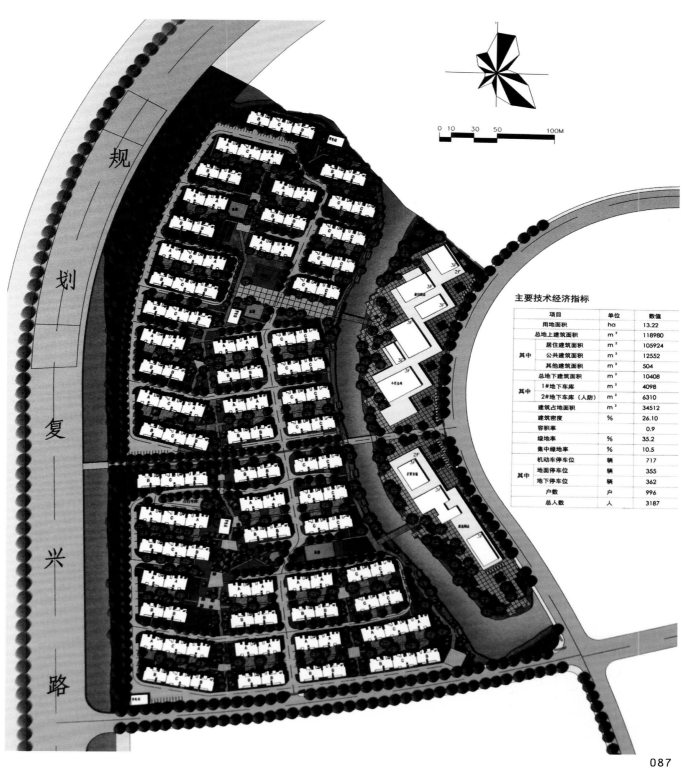

主要技术经济指标

项目		单位	数值
用地面积		ha	13.22
总地上建筑面积		m²	118980
其中	居住建筑面积	m²	105924
	公共建筑面积	m²	12552
	其他建筑面积	m²	504
总地下建筑面积		m²	10408
其中	1#地下车库	m²	4098
	2#地下车库（人防）	m²	6310
建筑占地面积		m²	34512
建筑密度		%	26.10
容积率			0.9
绿地率		%	35.2
集中绿地率		%	10.5
机动车停车位		辆	717
其中	地面停车位	辆	355
	地下停车位	辆	362
户数		户	996
总人数		人	3187

成都高新国际生态总部园

项目地点：四川省成都市
建筑设计：华森建筑与工程设计顾问有限公司

不同组团的建筑单体，在保持整体风格相似的前提下，材质、细部加以变化，形成丰富的视觉感官，并增加可识别性。

北区被高尔夫球场所环绕，是园区环境品质最高的地方。设计引用传统"五行"——金木水火土的概念，作为各个组团的景观构成和地面铺装的主题，创造差异的同时增加了不同组团之间的可识别性。

在四联和双联的中、小型办公单元中，引入了传统民居中的"冷巷"概念，利用内、外部空间之间的风速和温差，达到加快室内外空气的交换，改善环境小气候的效果。

集中办公楼的完整体量通过折板、坡屋顶、斜墙等"切割"处理，有如天鹅绒上的钻石，散落在绿色的环境当中。

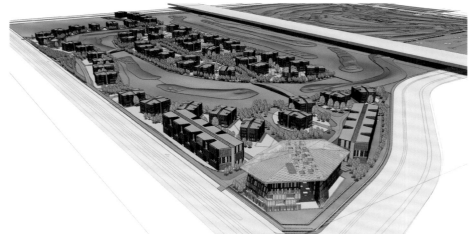

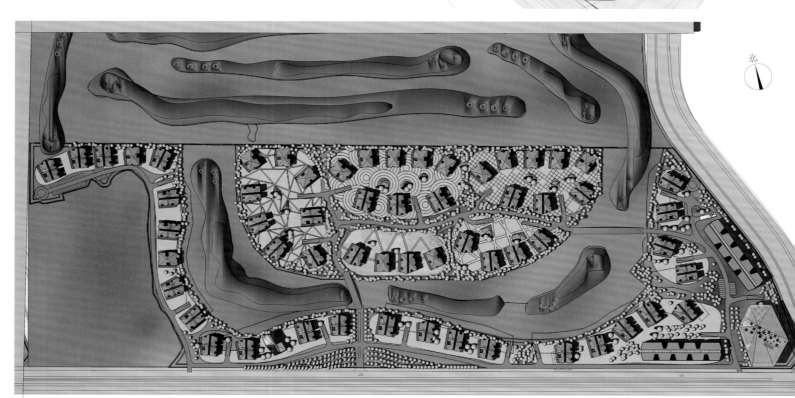

北

广州竹韵山庄

项目地点：广东省广州市同泰路
建筑设计：瀚华建筑设计有限公司
占地面积：65 120 m²
总建筑面积：75 470 m²
设计时间：2002年
竣工时间：2004年

　　竹韵山庄地处广州白云山麓、南湖之畔，自然景色优美。总平面规划充分尊重和利用原生态环境，保留了地块上的原生古木近200棵，并结合山地地形，采用灵活的圆弧围合式布局，在每个组团间围合出原生树木群落。楼宇间户户有景，清雅幽静。住区内32栋5~9层带电梯楼宇均依山势设计，高低错落，富有韵律感。楼间距尽量留宽，全部为一梯两户，保证每户都有良好的景观和朝向。

　　住宅户型引入"院宅"概念，通过户内花园为核心组织户内各功能空间，使公共空间呈半开放式，跃式的处理使户内功能分区更加明确，客厅采光及景观良好。立面尝试用化整为零的自然构成手法来进行设计，宜人的尺度和错落有致的立面配以自然的文化石与米色涂料，使建筑和谐地融入了自然当中。

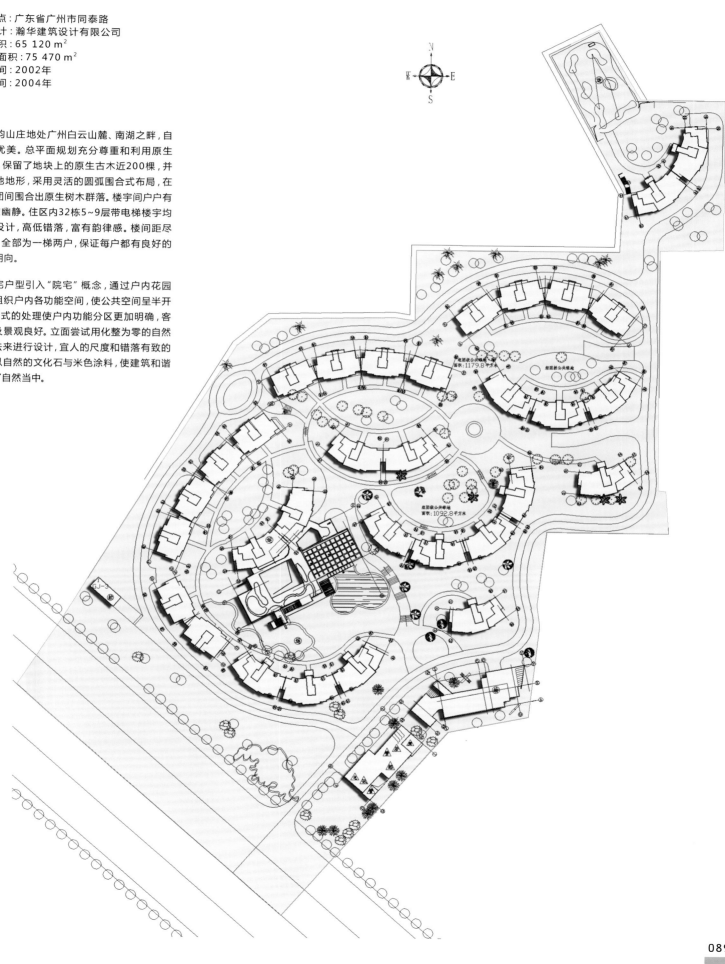

湖州上实西山漾 1 号

项目地点：江苏省湖州市
建筑设计：上海众鑫建筑设计研究院
主设计师：吴佳、王文君
占地面积：62 938 m²
总建筑面积：92 650 m²

　　西山漾位于西山景区内。西山景区是湖州市总体规划中的"城市绿肺"，以西山和西山漾为核心，西部布置以居住、商业和文化休闲等为主的功能体，东部主要以休闲度假、商务会议等为主的功能体，中部布置以西山漾为主体的休闲绿地公园。本项目规划为湖州新区的先期住宅开发用地，紧贴西山漾风景区，在生态环境方面具有明显的优势。设计采用"宜居、闲适、优雅"的格调，大胆引入传统院落生活格局，融合现代的综合开发理念，开创湖州"传统、经典、生态、人性"的宜居社区。

湖州渔人码头

项目地点：江苏省湖州市
建筑设计：上海众鑫建筑设计研究院
主设计师：徐海祥
B地块
占地面积：84 641 m²
总建筑面积：56 524 m²
C地块
占地面积：72 155 m²
总建筑面积：85 539 m²

　　设计贯彻"以人为本、合理创新、人无我有、人有我优，走精品之路"的设计理念，遵循"设计一流的外观，一流的内涵，一流的生活环境，一流的人性化社区"的宗旨，充分利用地块独有的紧邻湖州太湖景区的景观优势，建设为由低层联体住宅、多层住宅、度假酒店及配套商业服务设施相结合的现代化高档居住社区。

总平面

大连东方·优山美地

项目地点：辽宁省大连市
开发商：大连鲁能置业有限公司
二、三期建筑/景观设计：美国豪斯泰勒·张·思图德建筑设计咨询（上海）有限公司
占地面积：3 000 000 m²
总建筑面积：2 200 000 m²

　　东方·优山美地占地面积3 000 000 m²，总建筑面积2 200 000 m²，由A、B两个区域组成。开发业态涉及观海别墅、花园洋房、度假公寓、风情商街、五星级酒店以及海洋温泉生态苑，以集居住、商务、休闲、度假、养生于一体的国际化社区，诠释对高品质生活的不懈追求。

　　东方·优山美地拥有完善的内部交通组织，一条宽阔的椭圆形鲁能大道作为主干道，辅以若干条放射性线路，与自然景色、地形走势完美结合，构筑社区便捷、安全、人性的交通网络。

辽宁省大连市
大连鲁能置业有限公司

苏州太湖·胥香园

项目地点：江苏省苏州木渎湖风景区
开发商：江苏吴中地产集团有限公司（二期东院）
苏州昆荣房地产有限公司
占地面积：130 300 m²

　　太湖·胥香园项目位于木渎湖风景区，北临规划中的伍子胥公园，隔伍子胥公园为苏州的母亲河胥江，西侧、南侧均紧依30 m宽的河道，占地面积约为130 300 m²。

　　设计强调了生态城市和"健康住宅"社区的原则。在充分尊重原有地形的前提下，进行人工造景。为节约不必要的人力与物力，将挖掘的土石方在小区内部"消化"，形成台地、山地等丰富的地形空间。运用天然的造景材料，形成有自然风味的小石、杂草、树林、流水，让自然的特殊性得以融入社区，成为社区内在的一部分。

　　小区中不但充分考虑了残障人群、老人和儿童的需求，让他们拥有合理的活动设施与空间，而且把设计时需要关爱的对象扩展到小区中的每一位"健康"的居民，真正将园林与科学相结合，营造健康住宅小区。

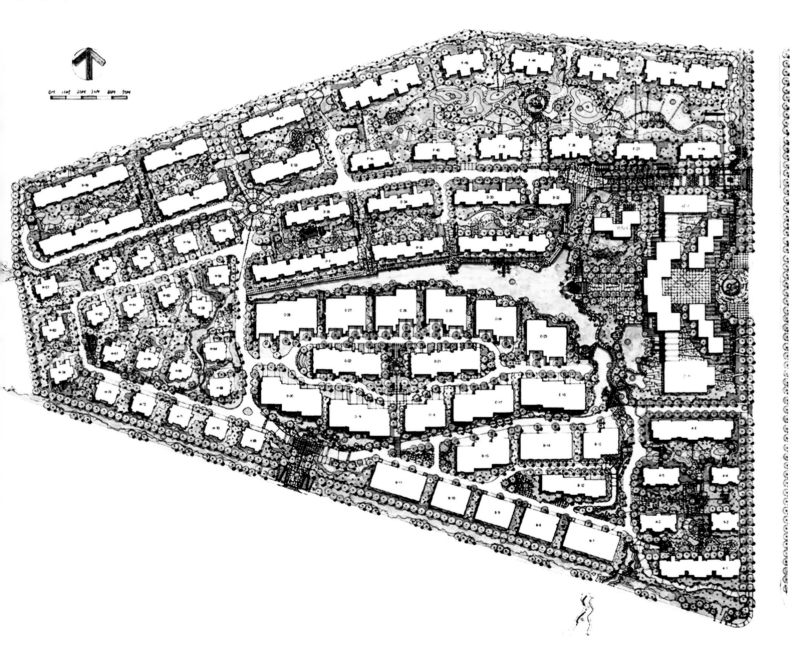

安宁温泉山谷(四期)

项目地点：云南省安宁温泉镇羊角村
开发商：云南世纪天乐房地产开发有限公司
规划设计：北京匡形规划设计国际有限公司
澳洲UA国际设计集团
占地面积：162 000 m²
总建筑面积：97 578 m²
容积率：0.6
绿化率：48%

温泉山谷是一个总占地面积近1 000万 m²
的大盘项目，是集国际会议中心、国际温泉酒
店、生态运动公园、温泉主题公园、森林公园、
温泉生态养生住宅六大板块为一体的超大规模
旅游度假地产项目，项目所在地位于素有"天下
第一汤"美誉的安宁温泉镇。

项目有完善的生活配套设施、宜人的自然
景观环境、大规模的户外公共交流活动场所、优
美的社区环境，营造出具有舒适度与亲切感、充
满文化浪漫气息的度假休闲新地。

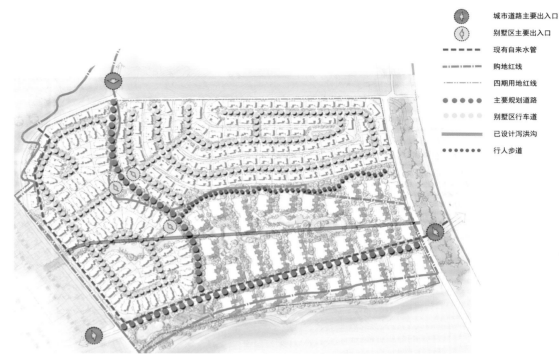

城市道路主要出入口
别墅区主要出入口
现有自来水管
购地红线
四期用地红线
主要规划道路
别墅区行车道
已设计泻洪沟
行人步道

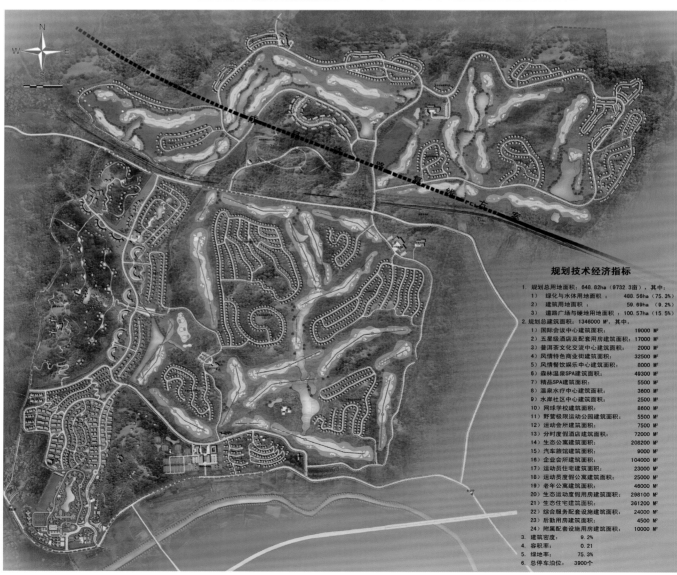

规划技术经济指标

1. 规划总用地面积：648.82ha（9732.3亩），其中：
   1）绿化与水体用地面积：   488.56ha（75.3%）
   2）建筑用地面积：   59.69ha（9.2%）
   3）道路广场与硬地用地面积：   100.57ha（15.5%）
2. 规划总建筑面积：1346000 M²，其中：
   1）国际会议中心建筑面积；   19000 M²
   2）五星级酒店及配套用房建筑面积；   17000 M²
   3）普洱茶文化交流中心建筑面积；   2000 M²
   4）风情特色商业街建筑面积；   32500 M²
   5）风情餐饮娱乐中心建筑面积；   8000 M²
   6）森林温泉SPA建筑面积；   49300 M²
   7）精品SPA建筑面积；   5500 M²
   8）温泉水疗中心建筑面积；   3600 M²
   9）水岸社区中心建筑面积；   2500 M²
   10）网球学校建筑面积；   8600 M²
   11）野营极限运动公园建筑面积；   5500 M²
   12）运动会所建筑面积；   7500 M²
   13）分时度假酒店建筑面积；   72000 M²
   14）生态公寓建筑面积；   208200 M²
   15）汽车旅馆建筑面积；   9000 M²
   16）企业会所建筑面积；   104000 M²
   17）生态别墅建筑面积；   23000 M²
   18）运动员度假公寓建筑面积；   25000 M²
   19）老年公寓建筑面积；   46000 M²
   20）生态运动度假用房建筑面积；   298100 M²
   21）生态住宅建筑面积；   361200 M²
   22）综合服务配套设施建筑面积；   24000 M²
   23）后勤用房建筑面积；   4500 M²
   24）附属配套设施用房建筑面积；   10000 M²
3. 建筑密度：   9.2%
4. 容积率：   0.21
5. 绿地率：   75.3%
6. 总停车泊位：   3900个

海南定安龙湖度假中心

项目地点：海南省
开发商：枣庄矿业集团
建筑设计：美国FA设计集团
设计师：董涛、冯鹄
总建筑面积：3 330 000 m²

　　龙湖国际休闲养生度假中心项目定位于建设一个集休闲度假、生态养生、山水地产、老龄产业、国际交流于一体的具有国际水准的现代化休闲养生社区。项目引入国外先进的度假养生理念和优质的医疗配套设施，并结合我国悠久的本土养生思想，吸引更多的国内外业主和游客到龙湖居住疗养、休闲度假，从而打造海南新的山水休闲养生地产名片。

　　龙湖国际休闲养生度假中心正是利用了龙湖得天独厚的森林、空气和水质等自然条件以及书院、宗教等人文资源，发展休闲度假与教育养生相结合、旅游地产与文化事业相促进的产业，填补在这方面的空白，具有非常大的发展空间。

成都骄子

项目地点：四川省成都市
建筑设计：翰华建筑设计有限公司

　　项目地块面积较大，主要规划为多层及小高层住宅。其中，多层住宅共有16栋，分布在地块的南区；小高层住宅共4栋，分布在地块的北区。小区内水系环绕，绿化宜人，景观环境幽雅。另外，在地块的南侧布置一栋配套商业建筑，在地块的东侧布置了会所等。

鸟瞰图

珠海华发·水郡

项目地点：广东省珠海市
开发商：珠海华发实业股份有限公司
建筑设计：K2LD建筑设计事务所
景观设计：贝尔高林国际（新加坡）有限公司
占地面积：1 150 000 m²
建筑面积：494 500 m²

　　珠海华发·水郡傲踞珠海西部中心城区枢纽核心，区域内广珠轻轨与江珠高速、广珠高速、西部沿海高速枢纽路网会聚，一小时内即可通达珠三角各大城市。本项目以"生态人居"为开发理念，稀缺独享千亩湿地公园，北望尖峰山，东临黄杨河，为居住者营造墅景交融、天人合一的自然生活境界。水郡三期，延续原湿地纯墅高贵典雅的建筑文脉和肌理，以总占地面积约19.78万 m²，容积率仅约0.4的独立、小独立和联排构筑287栋别墅，更以极少数"三亩一栋"纯独栋岛居闪耀面世。

　　整个项目的建筑采用独有立方体拼合设计的方法，以简约灰色调、经典朴实的质感，融合着倾泻的阳光，像一个个漂浮在湿地水面的方盒，通体透亮。走进华发·水郡，这样的

房子随处可见，蔓延在千亩湿地的每个角落。庭院里，切割平整的木条或横或竖地并排着，之间又露出了适当的缝隙，可以轻松看到房前水面的波纹，泛出温润的光泽。

　　为营造居住归属感，进一步体现居住者的生活方式，国际顶级大师团队持续领衔华发·水郡三期规划设计，以独有的"纯湿地公园+黄杨河景+现代泰式园林"的三重生态美景360度环绕；三亩一栋、独栋岛居、超大独立庭院、私家泳池、规划中的游艇码头……三期规划全新升级。细节空间更多从人本考虑，让奢华境界与自然质朴的两种极致在此浑然合一。

华发·水郡二期

华发·水郡一期

华发·水郡三期

华发·水郡后期发展用地

华发·水郡省级湿地公园

黄杨河

广州林海山庄

项目地点：广东省广州市天河区
开发商：保利房地产（集团）股份有限公司
景观设计：科美东篱(澳洲)建筑景观公司
占地面积：94 200 m²
建筑面积：207 000 m²

　　林海山庄位于广州天河区华南植物园对面，海拔100 m之上，是广州最高的半山洋房。同时，林海山庄位于绿肺"植物园板块"中心，被华南植物园、龙眼洞森林公园、广州市树木公园、火炉山森林公园四大名园所环抱，是广州城市规划重点保护的绿色生态区域。每天4 000万吨的纯氧负离子更是呵护每一个林海山庄业主的健康。居住在这里，满足现代人"在城市中修行，在山水中养生"的生活追求，盛情开启都市人的黄金生活。项目推出200多套全新"半山宽景"组团，该批建筑群拥有360度的自然景观，东望火炉山和工人疗养院辽阔林海，南眺一望无际的植物园，北望大窝山和半山精品园景，西面是无遮挡的地平线。

　　"半山宽景"楼王单元南北通透，在户型上，该期单位全部为77~115 m²的两房和三房单元，少量单元附送地下室、大露台和首层花园，少数单元层高4 m多。"半山宽景"楼王全山景单元预计于7 500元/m²的均价入市，并带有1 000元/m²的豪华装修。一刻钟往返森林与都市，一刻钟的距离，满足都市人"在城市中生活、在山水中养生"的居住理念。林海山庄优越的自然生态环境和优美的自然景观为居者构筑完美的黄金环境价值。

　　林海山庄依山而建，70%的舒适林海和30%地中海建筑构筑出和谐舒适的黄金建筑价值。面积为7万 m²的林海构筑了一个多层次的黄金绿化建筑体系。整体建筑借势建园，房屋建在顶部，向下形成多层台地，以多级瀑布、叠水、壁泉、水池等灵动水景层层点缀；而两侧天然的树木、植篱及花卉，效法天然。精致清雅的园林和丰富的景观系统使现代都市人深深地体味自然的美丽和感受生活的纯净。

　　林海山庄打破传统的都市"5天都市+2天度假"生活模式，赋予都市人7天"都市+自然"黄金健康生活。让都市人在轻松掌握都市万变商机的同时，更能怡然享受山水意境，动静皆宜、工作与健康双丰收的理想生活状态。林海山庄踞于半山，使居者拥有无可比拟的山水景致和广博视野，赋予都市白领黄金心情价值。白天，他们在都市中拼搏，享受100%快节奏的工作激情；夜晚，他们远离都市喧嚣，享受100%松弛心情。

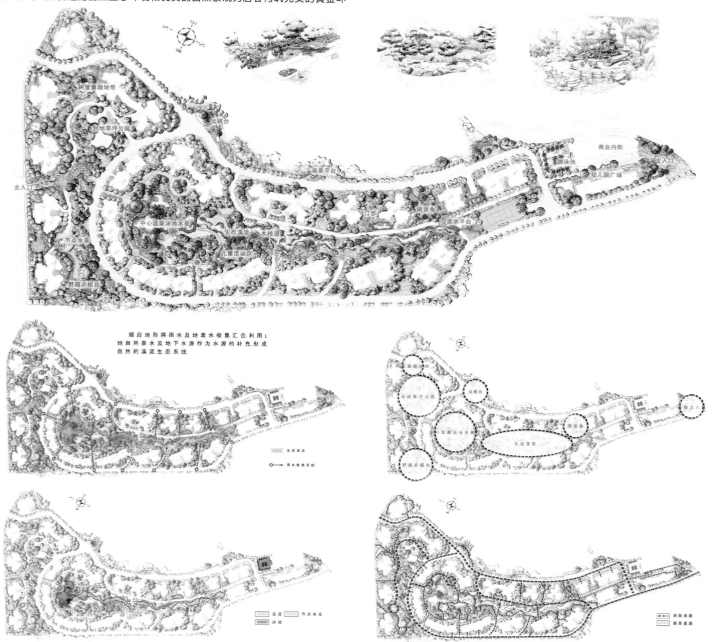

哈尔滨爱建新城

项目地点：黑龙江省哈尔滨市
开发商：哈尔滨爱达投资置业有限公司
建筑设计：加拿大KFS国际建筑师事务所
占地面积：980 000 m²
建筑面积：2 200 000 m²

　　哈尔滨爱建新城（爱建滨江国际社区）位于哈尔滨旧城区松花江畔，原址是著名的哈尔滨车辆厂——中国最早且规模最大的火车制造厂。新城在遵循原存的城市肌理的基础上利用原有的工厂大型广场，开辟出椭圆形的大片公园（绿地），以开阔的绿地在较高密度的新城中创造出宜人的空间。周围的多层商业建筑围绕中心公园展开，围合出新城中心地带。其建筑造型主要运用现代建筑语言并借鉴当地历史和地域特色。环形商业区的外层是高层住宅，面向中心公园，为住户提供了良好的景观。

　　新城商业建筑成系统布局，并沿主要街道两侧布置。商业建筑以多层及低层为主，在内部形成亲切、宜人的城市街道空间。整个新城商业气氛浓郁，商业总面积约60万m²，占整个新城总建筑面积的三分之一。规划路网与周边路网相协调，原规划中穿越新城的"十"字形城市主干道在新规划中予以保留，新规划中支路出口均与周边路网接通，同时地块划分尽量与周边地区的地块划分大小一致，以保证城市脉络的延续性。

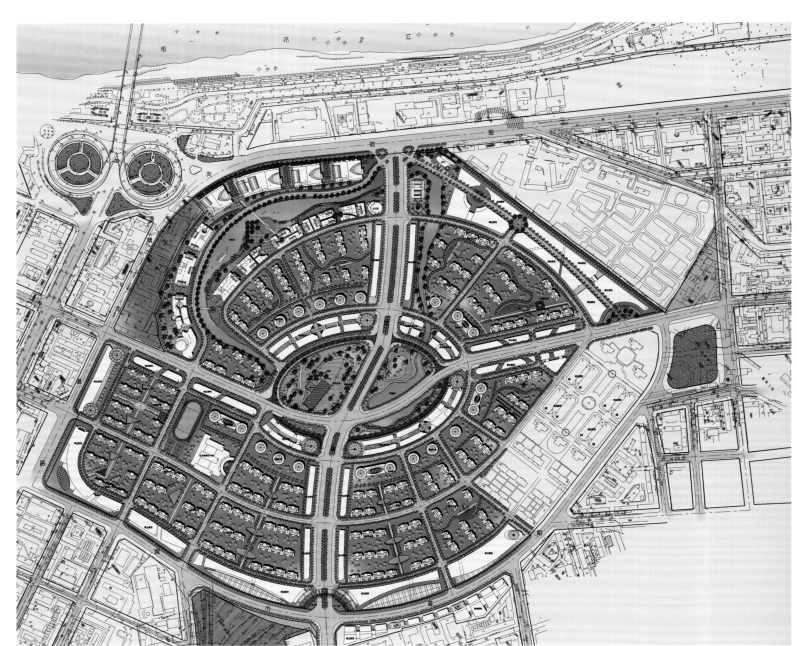

惠州大亚湾皇庭波西塔诺

项目地点：广东省惠州大亚湾
开发商：惠州大亚湾皇庭房地产开发有限公司
建筑设计：深圳华森建筑工程设计公司
占地面积：309 290 m²
建筑面积：619 586 m²

皇庭波西塔诺项目地处大亚湾中心区，南为大亚湾澳头老城，有着当地独特的民居风情，远处可望海港海景，西南紧临进港路，规划为60 m宽的迎宾路，东南为政府规划的螺岭公园，北靠中心北区（行政商务办公区），可远望红树林公园。项目定位为大亚湾中心区首席别墅大盘。

皇庭波西塔诺总占地面积约30.9万 m²，项目分三期开发，南区为低密度的国际生态纯别墅社区，坐拥大亚湾中心区成熟生活配套，分享市政规划的八大娱乐、休闲设施，以"健康、浪漫、轻松、私享"为主题，用"异域、风情、生态、原生"来打造。整体规划按现代化城市生活安排社区配套，又以风情、恬静、休闲的滨海度假生活为尺度。凭借多种类型资源条件，皇庭波西塔诺将成为深圳东规划配套最齐全的高尚地产项目，其居住休闲的生活理念将真正引领大深圳地区的滨海居住新时代，一期滨海环湖别墅单位囊括了叠拼、联排、双拼、独栋的类型，每户面积为126~598 m²。近海、望湖、观林的生活情调别墅让客户体验波西塔诺的异域风情。

襄樊东湖国际大酒店

项目地点：湖北省襄樊市
建筑设计：美国DF国际建筑设计有限公司
占地面积：652 438 m²

　　襄樊东湖国际大酒店位于襄樊市东北部，襄樊汽车产业开发区管委会（汽车大道）西侧，名城路以北，13号路以南，环湖西路以东。其地理位置优越，靠近机场高速路，拥有大面积水系，环境优美，将产生良好的社会、经济效益。

　　酒店宾馆区位于规划区南部的车城湖湖畔，名城路与环湖东路再次相接，交通方便，环境优美。酒店宾馆区由国际会议中心、酒店式管理公寓、产权式酒店、别墅式酒店、写字楼组成。酒店以及写字楼主体建筑呈滨湖退台设计，形成全湖景酒店，既不破坏公园的风景，又增加了酒店的景观和档次，最大程度地获得了山水景观。酒店式管理公寓与写字楼高度控制在22层以内，全湖景酒店高度控制在13层以内，国际会议中心控

制在3层以内，形成丰富的天际轮廓线，增强城市景观效果。别墅式酒店规划于车城湖畔，由三个小组团构成。每个组团利用景观溪流相隔，形成三个岛居组团，使人们回归原始的居住梦想；亲水布置不仅拥有湖光山色，同时也最大满足了人们的亲水性。

　　酒店共设两个车行出入口和一个人行出入口。其中车行出入口分别设在环湖路和名城路，人行出入口设在国际会议中心门庭处，实现了人车分行。酒店区各类设施之间由空中连廊相接，使人车在空间上分离。酒店区内部设置地下停车场，力争实现步行化。别墅式酒店由三个组团构成，由一条路串连起来，共同使用一个出入口，形成一个既分离又统一的道路格局。

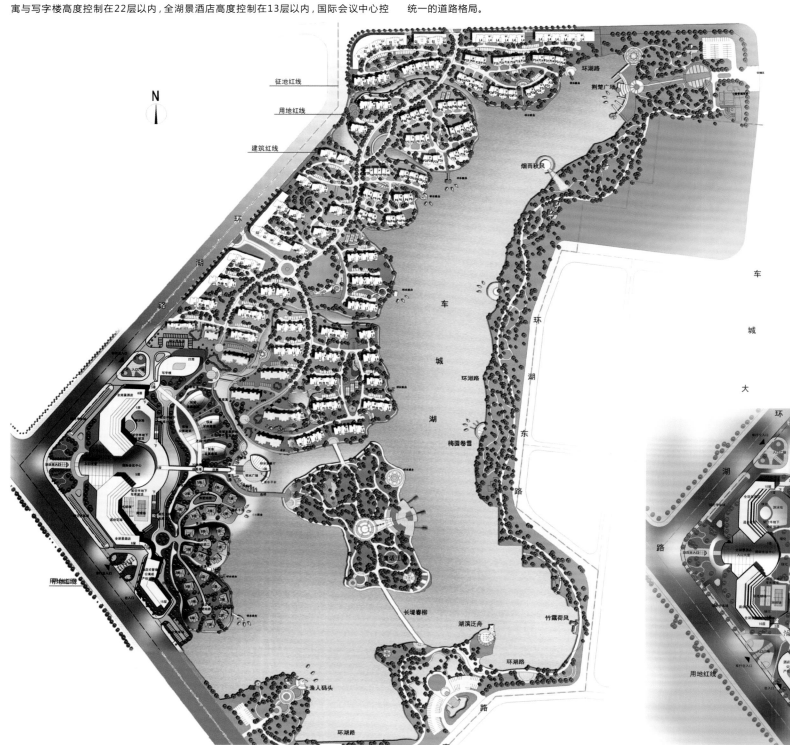

成都蔚蓝卡地亚

项目地点：四川省成都市
开发商：成都阳明房地产有限责任公司
建筑设计：山鼎国际有限公司（Cendes）
占地面积：392 668 m²
建筑面积：290 000 m²

　　蔚蓝卡地亚项目位于成都人民南路南沿线，最大高差达36 m，项目总占地面积约39.3万m²，有面积为2万 m²大型水景景观。项目着力打造山体联排别墅，同时为适应成都地区气候和生活习惯采取了大开窗户的设计，形成了优良通风和采光的设计。以环境人居为本，将建筑与高品质生活丝丝入扣地融合，感受体贴入微的人文景致和浪漫环境。距成都市天府广场约30分钟车程、面积达4 000 m²的山地会所，拥有内外泳池、咖啡厅、电影厅等休闲场馆，将成为西南地区唯一的超五星级山地会所，为业主带来超值的享受。

　　在满足区内居者消费的同时，营造出项目的地标建筑以及未来小区的和谐。根据成都独有的地理和气候条件，小区采用最佳的朝向。以保证冬季日照良好。小区绿地率40%以上，绿化率达到60%以上。外窗采用双玻璃通风门窗，丰富的色彩及层次将为成都阴霾的天空带来灿烂的心情。

起步区技术经济指标：

总建筑面积：	44268.93 平方米
其中：	
商业建筑面积：	1026.33 平方米
住宅建筑面积：	37369.84 平方米
会所建筑面积：	3912.38 平方米
物管建筑面积：	381.58 平方米
地下车库建筑面积：	1578.80 平方米

深圳洋畴湾世纪海景

项目地点：广东省深圳南澳镇
开发商：世纪海景实业发展（深圳）有限公司
建筑设计：深圳市奥森环境景观有限公司
占地面积：53 307 m²
建筑面积：33 500 m²

　　洋畴湾位于中国深圳市南澳镇，拥有壮阔宜人的海景和秀丽叠嶂的山景，整个别墅区处于陡峭的山坡和大海之间，地势复杂，要求设计师必须充分考虑复杂的地形，特别是高差地形的处理。

　　根据原建筑的古典意大利风格，景观设计创造性地将新古典主义风格同生态环境景观融合在一起。设计概念着重应用了古典特征和小品元素来提高整体景观的设计。设计师将该别墅区命名为"空中宫殿"。其景观和主要节点均采用对称的布局，以形成对景。设计师为景观提供了精致的设计细节，给居住者营造一流的居住环境。在整体的设计理念中，每一处节点空间都有其独有的特色和象征意义。

　　主入口运用了富含古典美的水景墙和廊柱，再加上成排的棕榈树，显得既豪华又大气，并且给居住者和来访者最热烈的欢迎。三个塔楼被设计成为具有古典风格的岗亭。穿过岗亭，映入眼帘的将是华美的叠水水景、树池中的棕榈树、装饰花钵和雕塑，使整个入口处显得非常丰富。在入口中心广场不远处的两边，人们将会看到两个小广场。小广场的中心位置设计了罗马风格的图腾柱，给这个空间一个竖向的高度。中心的大广场设计运用了廊柱和水景。利用自然坡度形成台地给中心广场增添了更为细致的景观。中心的水景象征整个别墅区是以水为主要设计元素。

01、主入口广场（原石+古树）
02、大门（西班牙风格）
03、主景雕塑广场
04、观景平台
05、山林幽径
06、观海平台
07、西班牙花钵跌水
08、庭园中心广场（水景+景墙+景柱）
09、阳光花园
10、节点休闲广场（经典风格）
11、节点休闲广场（自然风格）
12、跌落花池+台阶
13、生态山地轴线
14、皇家山地轴线
15、罗曼山地轴线
16、临海休闲平台
17、礁石泳池区
18、海滨浴场
19、海滨观景平台
20、海滨休闲多功能区
21、海滨沙滩升降电梯
22、架空层休闲区（皇家园林）
23、临海私家码头

南京都铎郡

项目地点：江苏省南京市
开发商：南京栖霞房地产开发有限公司
景观设计：安道国际
占地面积：82 000 m²
建筑面积：54 000 m²

都铎郡位于南京紫金山东麓仙林大学城学子路与灵山北路交界处。占地总面积约8万 m²，由南京栖霞房地产开发有限公司倾力打造。社区规划容积率0.65，绿地率47%以上，总建筑面积约5.4万 m²，整体规划以幽雅的都铎式建筑风格、中央溪地及景观大道为主轴，围绕中央景观带和各个景观中心，分布极具英伦特色的高端独联体别墅及独栋VILLA，该项目是南京首创且唯一的英伦原乡风格化别墅，共218户。

项目规划建设46栋联排、独立别墅。每户均拥有车库、前院、后院及特色中庭等多重庭院景观。项目周边学府云集，交通便捷。随着金鹰国际、鼓楼医院、苏果超市的相继进驻，本地区将成为南京真正意义的高尚人文生活区。

都铎郡营造的英伦风格园林注重对情感的表达，快乐、温馨、感动这是世界上最昂贵的东西。在都铎郡的庭院设计中，注入一种"快乐"的生活方式，培育一种"温馨"的生活状态，传递一种"感动"的人文情怀。在独立的私家庭院里，始终着眼于发掘庭院的视觉愉悦功能和心理舒适功能。视觉愉悦和心理舒适来源于庭院总体的布局的变化多端、景观小品的创意灵动、花木绿植的郁郁葱葱、日光月影的斑驳错落。

惠州先生的湖

项目地点：广东省惠州市惠阳区
开发商：惠州市光耀实业投资有限公司
占地面积：600 000 m²
建筑面积：1 000 000 m²

　　先生的湖项目位于惠州北环路与惠南大道交汇处。惠南大道是通往惠州的必经之路。这个片区是惠阳城市规划的新中心，其发展潜力无限，目前，省际客运站、汽车4S店中心、五星级酒店综合体以及众多市政部门已位于项目周边面积约200 m范围内，新城市中心的格局已初显成效。片区内豪宅产品的开发较为火热，半岛1号、东方新城、棕榈岛高尔夫球场、碧桂园、振业城等都在这个片区内。光耀城先生的湖总占地面积达100万 m²，拥有丰富的四大资源。

　　光耀城拥有原生湖面积8万 m²，湖底有天然的泉眼，10万 m²山庄，6万 m²山体公园，9洞高尔夫球场。一期推出77套联排别墅，其中有四联排、六联排和七联排，面积为340~445 m²不等。先生的湖整体风格为典雅、庄重的英伦皇家风格，配套有国际风情商业街，规划有餐饮、酒吧以及时尚元素一条街，大型的生活超市、湖岸休闲广场和皇家会所。新品主力户型建筑面积为230 m²的双拼别墅，也有350 m²大面积双拼单元，均沿湖而建，一线临湖单元户户东南朝向，赠送产权式私家会堂和私家码头，最大赠送花园面积达500 m²。

总平面图 1:1500

项目地点：江苏省常州市
开发商：常州万泽天海置业有限公司
建筑设计：华森建筑与工程设计顾问有限公司
占地面积：221 600 m²
总建筑面积：105 800 m²

　　项目位于常州市武进太湖湾旅游度假区内，东临无锡马山，西接宜兴分水，直面7 km的常州湖岸线，交通条件十分便捷。

　　整个社区以绅士运动为主题，内部配套18洞标准高尔夫球场、绅士运动体验馆、白金五星级酒店、时尚球类运动中心、游艇俱乐部、面积为7 500 m²的商业街以及其他高端配套。出于环境保护的考虑，靠太湖沿线退让80 m，形成特大宽度的水道与自然景观带。湿地公园和太湖沿线退线形成的特大宽度水道和自然景观带，提升了居住品质并降低了建筑密度。

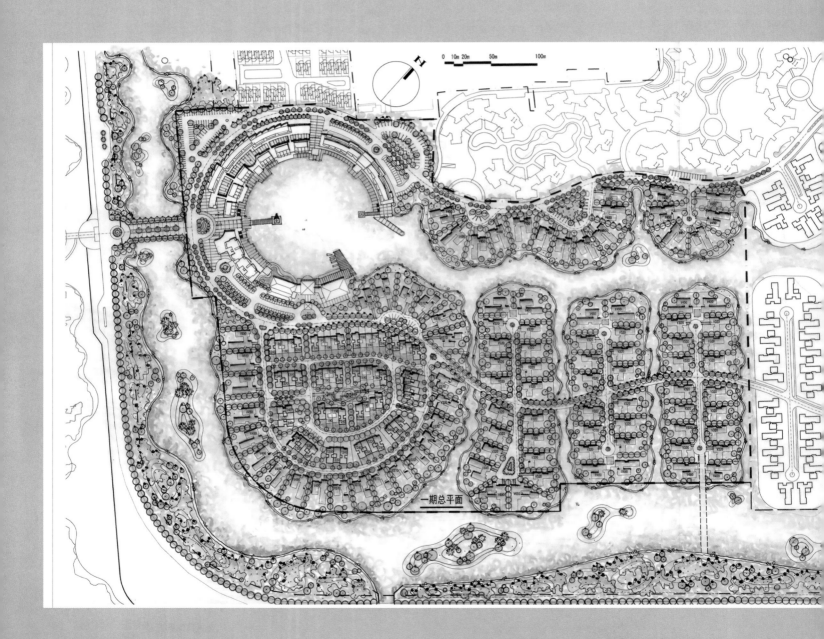

一期总平面

杭州润和西溪郡

项目地点：浙江省杭州市
开发商：杭州汤臣置业有限公司
占地面积：33 000 m²
建筑面积：70 000 m²

　　润和西溪郡位于余杭荆余公路与高教路交叉口往西500 m，北靠荆余公路，南拥苍翠灵秀之凤凰山，网罗大城西、余杭老城、西溪湿地三大商圈，尽享成熟完善城市配套体系。该项目是西溪板块山居排屋的开篇力作，经人文地产领航者润和地产倾情打造，总建筑面积近7万 m²的雅居杭州城西、西溪板块居住中心，枕靠杭州西溪湿地公园，浸润于江南润泽文化。承山之精神赋予了大宅内涵，并以欧洲经典皇家台地为气质蓝本，规划为地中海风情城市山地排屋住区。

　　润和西溪郡以西溪山水文化与气质为底蕴，融入意大利经典豪宅建筑及贵族格调。在保持欧式古典台地园林之宫廷华美气质的同时，注重与生态、建筑的完美交融。通过台地的高低错落和植被的参差多态营造出居闹市而有山林知趣的山水意境，界定了更深层的居住气度。　润和西溪郡以欧式园林为筑造本源，在台地基础上复兴院落文化，完美融入大庭院空间设计。以组团绿地为中心的排屋围合院落的概念，实现天地合一的归属感、舒适感和通透感，为现代住宅在资源受限的现状及舒适的居住理想之间找到一种回归和平衡。

LOW-DENSITY RESIDENTIAL BUILDING

低密度住宅

Broken line

折　线　　　112-133

成都华润凤凰城

项目地点：四川省成都市
开发商：华润置地（成都）实业有限公司
景观设计：易道（香港）环境规划设计有限公司
建筑设计：上海日清建筑设计有限公司
占地面积：40 428 m²
总建筑面积：700 000 m²

华润凤凰城位于成都市高新南区大源组团花荫村，天府大道西侧约800 m，绕城高速南侧约1 000 m。项目临近面积为150 000 m²的伊藤中国旗舰店及商业购物中心、180 000 m²的城市中央双公园、成都七中、天府歌剧院、天堂鸟海洋乐园等设施。华润凤凰城采用全点式围合布局，紧邻千米双溪四岸、30 000 m²的湿地艺术公园、150 000 m²的城市中央公园。

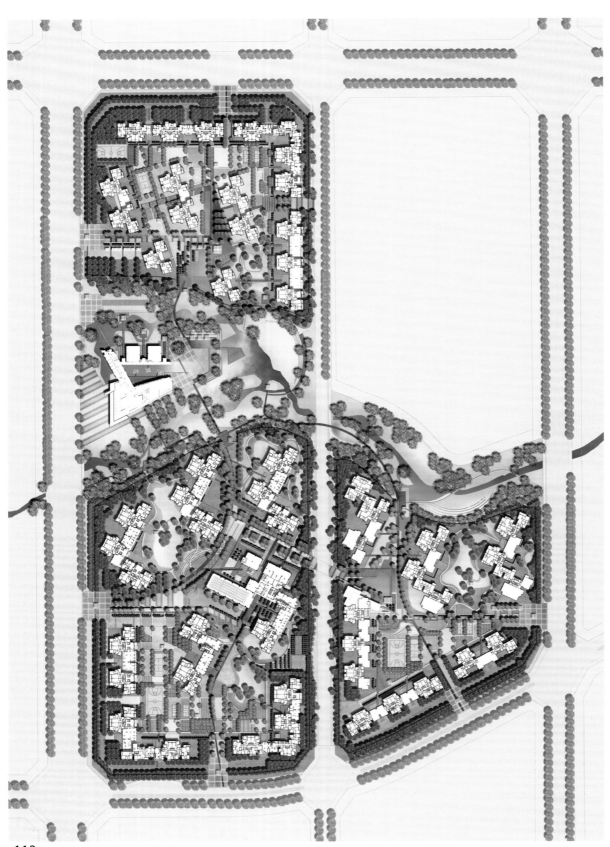

鄯善蒲昌村新农村建设改造

项目地点： 新疆维吾尔自治区鄯善县
规划/建筑/景观设计： 北京绿维创景规划设计院

蒲昌村位于城市郊区北部，紧邻四A级旅游景区库木塔格沙漠，是城市、景区、乡村的交会节点，非常适合于开发旅游。

经过充分的研究和分析，项目确定的设计手法和目标是：用独特的地域性语言展示城市的历史渊源和人文景观，用原生态的建造手法塑造独一无二的城市形象和旅游品牌，用真心为农的设计理念诠释新农村建设的精髓，用多样化的生活情景体现城市的活力和生命的传承。

整个项目是以开展新农村建设为目的而设立的，如何真正做到"施惠于民"是项目不能回避的问题。整个项目改造中涉及上百家住户，而每家的经济情况相差很大，所以针对那些经济条件较差、房屋又很破旧的家庭，进行了较大的改建，甚至是拆掉重建，使他们能够住上宽敞的大房。同时在他们这部分房屋上设计更多的景观和接待功能，使他们在日后的旅游开发中能够持续地得到收益，从而脱贫致富。而那些较为富裕的住户的房屋就只是做些立面上的改造，减轻他们经济上不必要的负担，以体现整个项目"以民为主、为民谋利"的思想。

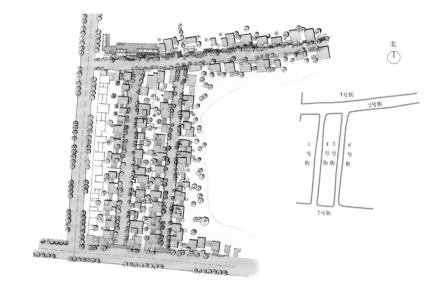

武汉风华天城

项目地点：湖北省武汉市武昌区
开发商：武汉南湖花园置业有限公司
占地面积：217 000 m²
建筑面积：300 000 m²

项目位于武汉市武昌区的新城市开发区域。从城市道路到乡村风景之间如同一个由公共到私密渐进的过程，这里安排了不同规模的住宅组团。通过不同建筑类型、材料和色彩的搭配，营造出特点不同并有强烈归属感的居住空间。在这里，从城市到乡村仅一步之遥。

规划设计充分尊重整体城市规划对该区域的功能及交通格局的定义，方格网状的城市基本结构得以保持，居住区范围内的城市道路依然保持其开放的特性。建筑设计直接反映功能和环境的要求。园林设计则重点在于对规划格局的强化。庭院、组团为人们提供了尺度宜人的交往空间。

设计注重讲究空间的宜人性，并充分赋予空间清晰可读性。平面户型的处理则与小区的规划、景观安排整体考虑。首层院落的设计通过舒适宜人的平台完成室内外空间的过渡与转换。庭院、组团和独特的户外空间既确保了居家的私密性，又充分促进邻里间的交往，最大程度地满足了居民不同层次的交往需求。

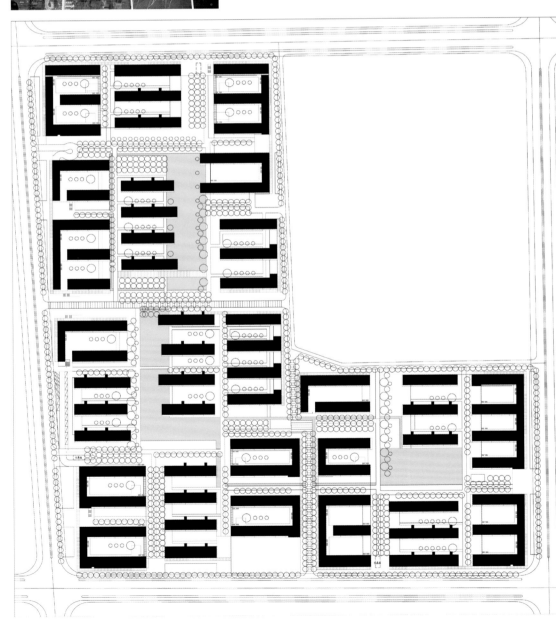

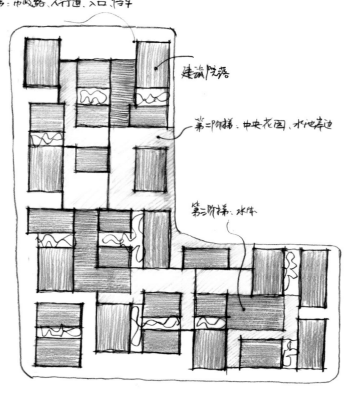

第一阶梯：市政路、人行道、入口、停车

建筑阵落

第二阶梯：中央花园、水池岸边

第三阶梯：水体

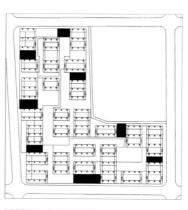
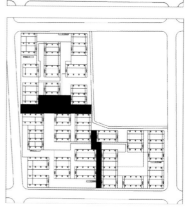

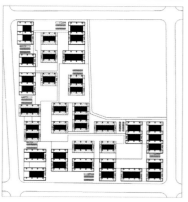

巴金河畔

项目地点：新疆维吾尔自治区艾塞克斯郡巴金市
开发商：家居与社区设计机构
　　　　巴金河畔有限公司
建筑设计：嵩柏麟德建筑有限公司
占地面积：1 400 000 m²

　　巴金河畔项目占地面积1 400 000 m²，一期工程占地面积450 000 m²。分布在鹰嘴形庭院内的节能房间包括阳台，也包括围绕私家花园修建的创新型平台。一些房屋配有与庭院相通的后花园，以及供行人使用的街道。房屋的正面设计新颖，赋予街道独特的宜人景观。房屋建筑不仅使人们能够从不同方向进入庭院，并且可通向小区内的娱乐场所。

广州嘉华嘉爵园

项目地点：广东省广州市花都区
开发商：广州嘉扬房地产开发有限公司
景观设计：科美东篱(澳洲)建筑景观公司
占地面积：29 804 m²
建筑面积：57 532 m²

　　嘉华嘉爵园位于广州市花都区花都建设北路12号，是一个集高层建筑和低层别墅为一体的高尚住宅社区。在高层区入口，设计师用现代艺术图案构成"花田"，配合会所建筑形成视线焦点，带动起园景的热烈气氛。"玲珑墙"在这里筑起，错落有致的形态与建筑曲线流畅的立面造型交相辉映，把景观视线引导到园景中心。墙体一直贯穿园景，最后成为会所泳池的喷水景观，与泳池融为一体。园景中的步行系统，时而穿越"花影"之中，时而隐藏于种植和墙体之中，部分又与开放草坪空间相连，使游园的路线更富趣味性。同时结合建筑的架空空间，把园景引入建筑，使室内外空间融合起来。

　　别墅区的设计通过情景洋房、联排别墅、单体别墅的不同配置，在满足停车位数量的原则下，首先设置通畅的步行系统，实现人车分流。同时，利用丰富而精致的种植搭配，整体统一而细节富于变化的铺装材料，营造整洁高雅的景观体验。另外值得一提的是北入口和别墅区入口的标志设计，"玲珑"的概念在这里通过镂空、交错、渐变、虚实等不同的手法处理，结合形态优美的树种和种植搭配，形成有艺术感和雕塑感的造型，力求给人们的第一感觉就具有项目的个性，印象深刻。

杭州万科春漫里

项目地点：浙江省杭州市
开发商：杭州良渚文化村开发有限公司
建筑设计：杭州大象建筑规划咨询设计有限公司
占地面积：54 232 m²
建筑面积：48 342 m²

良渚文化村组团、景点位置示意图

① 竹径茶语　　　⑩ 良渚博物院
② 阳光天际　　　⑪ 白鹭湾君澜度假酒店
③ 白鹭郡南　　　⑫ 茶语公园
④ 白鹭郡北　　　⑬ 白鹭湾公园
⑤ 白鹭郡西　　　⑭ 随园嘉树
⑥ 劝学里　　　　⑮ 玉鸟流苏
⑦ 绿野花语　　　⑯ 白鹭公园
⑧ 金色水岸　　　⑰ 悠园
⑨ 美丽洲公园

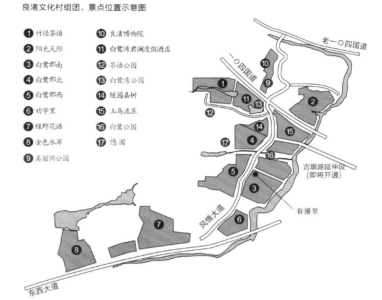

春漫里坐落于杭州万科良渚文化村的小镇中央，拥有良渚文化村的纯正山水感受，集成了会所、商业街区、小广场、精装修酒店式服务私邸以及幼儿园等富有趣味的多样化空间，是一个兼具公共乐趣与私属情致的地方。项目组团内建筑围合形成各具风格的庭院，构筑尺度宜人的街道空间。居住区与休闲活动区动静有别，为园区创造生动的休闲交往空间。

春漫里规划有建筑面积为56~85 m²精装一房设计，崇尚"一·即极致"的空间理念，科学规划，提供极致的入住体验，深度渲染一房格局下的主人感受。静态空间极为敞亮，动态空间极为流畅，卧室与客厅极为具创造性的动线设计，卧室亦采用客厅级开间，符合高度私密的度假状态。

自贡檀木林国宾府

项目地点：四川省自贡市
开发商：中铁二局集团自贡檀木林宾馆有限公司
建筑设计：山鼎国际有限公司（Cendes）
占地面积：105 228 m²
建筑面积：35 000 m²

该项目位于自贡市自流井区檀木林体育场南路，体育场与自贡市委之间。项目整体占地面积约10.5万m²，总建筑面积约30万 m²，规划为自贡首家五星级宾馆（檀木林国宾馆）及与之相匹配的高尚住宅区（檀木林国宾府）。

项目另外一个极具吸引力的地方即是独具一格的景观，景观第一层次的国宾府在保留檀木林国宾馆内珍稀植物以外，还引入大量珍贵的树种，树龄在100年以上的橡皮树、树龄在200年以上的苏铁以及银杏、香樟、水杉、象牙红等高大乔木，配搭各种类型灌木掺杂其间，形成高低有序，错落有致的森林风貌；景观第二层次，国宾府在景观打造上采用高差设计，引入部分水体景观，使涓涓活水徜徉于社区，从而在建筑、树木、灌木、土地之间形成了一种更为和谐的交流，加之花、鸟、鱼、虫点缀其间，更形成了一幅"春娇、夏绚、秋爽、冬静"的四季纷呈图，让整个社区都灵动了起来；景观第三层次，国宾府与国宾馆相互辉映，在园林特色上，既是相互衬托，又为相互补充，充分结合，动静分区。

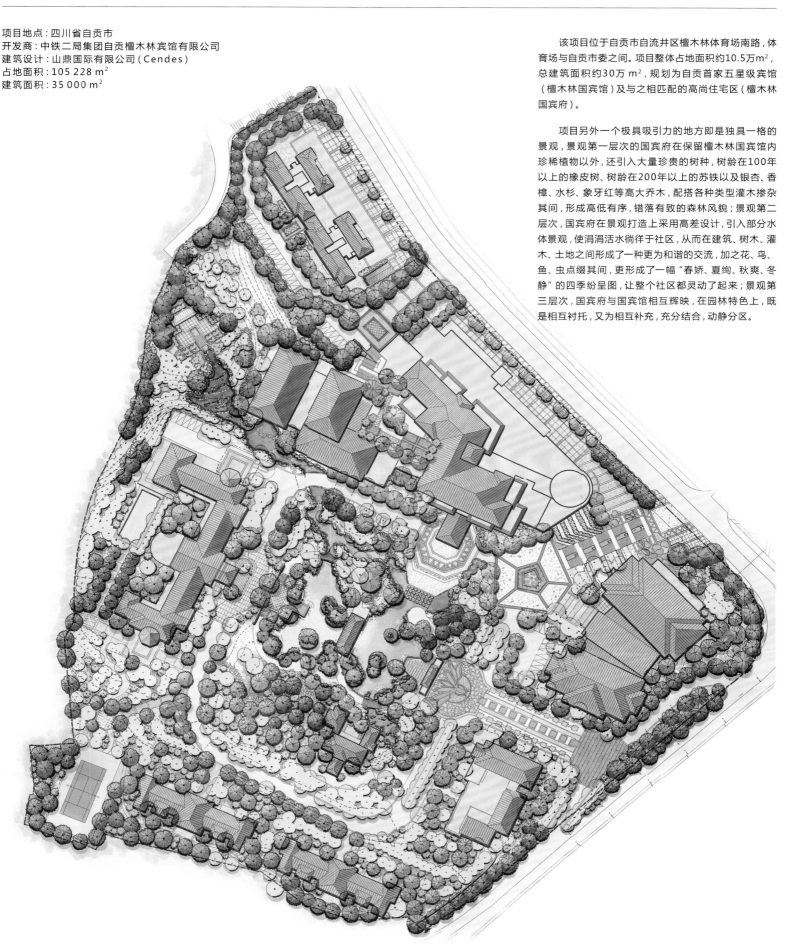

成都远大荷兰水街

项目地点：四川省成都市
开发商：远大集团
建筑设计：山鼎国际有限公司（Cendes）
建筑面积：37 000 m²

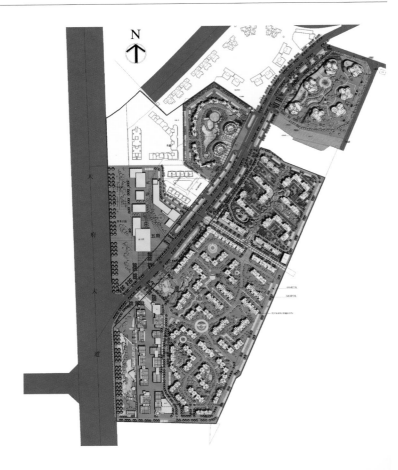

　　远大荷兰水街为餐饮、娱乐、休闲和商业等为一体的综合性建筑，其所处地理位置及建筑本身的规划和设计将决定该建筑为本区域中的标志性建筑。荷兰水街与远大都市风景社区整体规划融为一体而又相对独立，具有占地面积为40000 m²的宏大规模，具有七栋极具异域风情的特色建筑。多家中高档品牌餐饮、水吧、酒吧、咖啡厅密布的休闲特色步行街，将健身房、小超市、洗衣店、银行等功能完备的社区服务集聚一体，为社区生活提供更多的优惠便利。

　　建筑风格以现代欧式为主，注重建筑的细部刻画和人性化的尺度控制，讲究时尚的品位。独特的格调和丰富的表现力，通过建筑与环境的有机结合，渲染出一片浓郁的商业文化，同时水面与建筑的浑然一色与交相辉映，为社区又增添了一道别样的风景。

广州万科金域华府

项目地点：广东省广州市荔湾区带河路
建筑设计：瀚华建筑设计有限公司
占地面积：9 209 m²
总建筑面积：58 885 m²
设计时间：2007 年

　　项目用地东面为已建住宅区，南侧与北侧为规划商用住楼项目，西南侧毗邻著名历史建筑华林寺。结合地块状况，在总体及功能布局上，于北边布置高层和超高层住宅，二层高的商业裙楼布置在塔楼南边，与原有商业建筑形成一个整体的商业氛围。裙楼二层预留过街天桥接驳位置与用地南、北两边的商业裙楼相连通。建筑外墙以玻璃、铝合金及石材为主。建筑造型简洁，超高层塔楼部分利用建筑平面的微妙变化形成强烈的现代感，而高层塔楼及架空层部分则依靠整体感强的体型以及材料与周边建筑相呼应，体现对城市历史文脉的尊重。

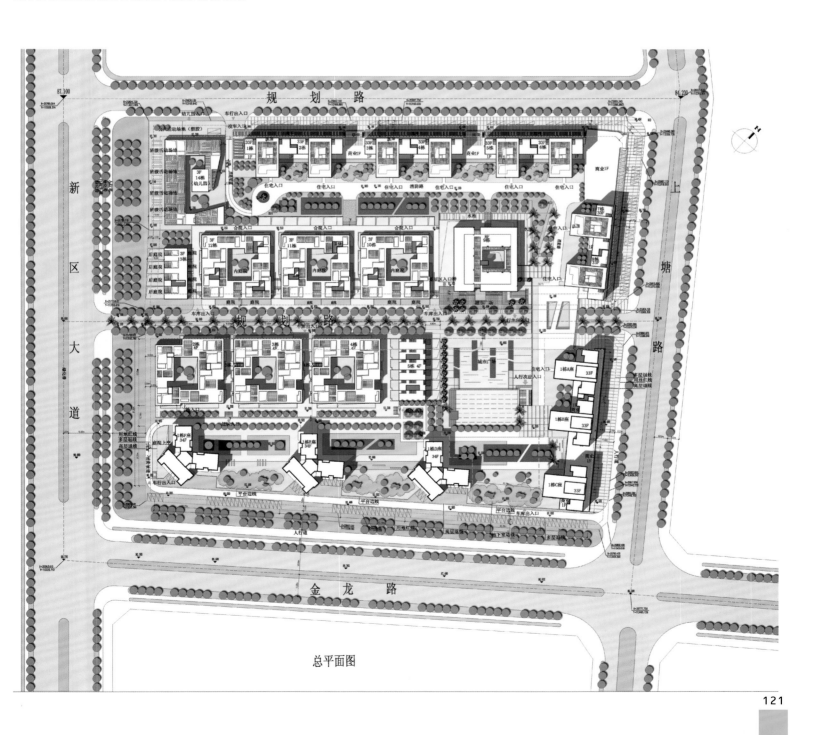

总平面图

成都中铁瑞城新界

项目地点：四川省成都市
开发商：成都市新川藏路建设开发责任有限公司
建筑设计：山鼎国际有限公司（Cendes）
建筑面积：300 000 m²

中铁瑞城新界位于成都市武侯区，地处老川藏路与武侯大道之间，项目占地面积约23.3万 m²，容积率为2.0。设计中采用低密度社区组团、半围合院落、多重景观层次、空中花园等设计手法将多层公寓社区特点发挥到极致；规划中央风情商业街联系东西地块，不同尺度的社区组团融入中心景观空间，并各自形成景观庭院。空间形式具有清晰的层次感，有着和谐、统一的大盘风范。建筑立面采用多重退台的设计，给视觉以丰富感。大胆重组空间开阔，带来错落有致的韵律，充分凸显低密度住宅独有的自然资源。

中铁瑞城新界以营造一个高尚的、自然的、生态的北欧风情住宅小区园林环境为定位，以"简约、自然、浪漫"为设计主题，通过人与环境、建筑与环境相融的社区规则，使住宅独具特色，焕发个性魅力，创造出有"家"有"园"和从容休闲的理想居住环境。

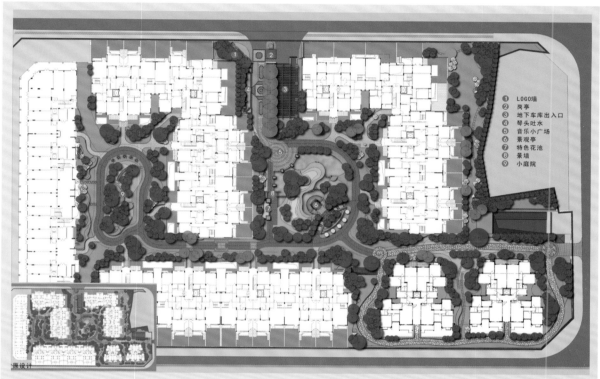

①LOGO墙
②岗亭
③地下车库出入口
④琴头吐水
⑤音乐小广场
⑥景观亭
⑦特色花池
⑧景墙
⑨小庭院

1.酒店对景墙　　8.特色矮墙　　　15.休憩座椅
2.人行入口LOGO墙　9.车行入口LOGO墙
3.岗亭　　　　　10.岗亭
4.景观花架　　　11.花钵雕塑
5.立体绿化　　　12.小花园
6.对景雕塑　　　13.景观矮墙
7.景观亭　　　　14.景观庭院

无锡万科东郡

项目地点：江苏省无锡市
建筑设计：上海日源建筑设计事务所
总建筑面积：200 000 m²
容积率：2.5
绿化率：30%

　　万科东郡位于主城区"中心商贸区"的核心位置，长江北路与前卫路交会处，被旺庄港与伯渎港两条水系和公共绿地所包围，毗邻无锡国家高新技术产业开发区。总建筑面积约20万 m²，周边拥有成熟优越的各种配套。

　　万科东郡情景花园洋房，独享有天有地的类别墅生活。层层退台带来无限阳光和绝佳私密性，入户花园使心情在美妙空间中惬意盛开，超大客厅让居者尽享非凡生活空间，超大景观露台令人们尊享前所未有的生活视野。

苏州水岸清华

项目地点：江苏省苏州市
开发商：锦和置业（苏州）有限公司
建筑设计：上海三益建筑设计有限公司
占地面积：570 000 m²
建筑面积：193 800 m²

　　水岸清华项目位于苏州市吴中越溪城市副中心总体规划范围内，临近石湖景区和上方山，南至人工河道（原溪江北路），东至友新路。基地的总用地面积为19.38万 m²，总容积率1.59。

　　在项目中，设计者巧妙地让低层住宅与高层住宅互相之间各自形成一个相对独立的空间。同时，根据组团排布方式的变化，构成一定的转折关系，让其间的道路不会突显冗长或单调。在这个项目里，东南侧充满古典韵味的24幢中式花园式三层联排低层住宅、西侧在建的中式低层住宅、北侧摩登前卫的高层住宅及商业配套设施，以两种对撞感极强的风格，共存于一个区域内。

　　在细部设计上，建筑运用了大量的现代手段，让住户最大程度上感受舒适。同时，建筑在空间结构上的安排和设计，又严格遵从了古典花园式的布局安排，前庭、天井、后院，让人在其中觉察到丝丝的古意，感受中国传统的文化生活。这种时代与时代间的对话，在单体建筑上体现得淋漓尽致的当属立面设计：山墙面与围墙结合，通过木构架的解构勾勒出中国传统屋顶的形态，同时又运用一种现代的表达方法，将灰色钢材与砖材结合，在冷峻中表达出一份理性。

上海沿海丽水馨庭（二期）

项目地点：上海市
开发商：沿海地产投资（中国）有限公司
建筑设计：C&P（喜邦）国际建筑设计公司
主设计师：朱劲松、黎明
占地面积：150 503.81 m²
总建筑面积：240 497.05 m²
容积率：1.05
绿化率：40.6%

　　项目充分利用丰富的天然水系资源，建设自然近人的居住环境。建筑设计采用新中式合院式 Town House，独具现代美学风格的中式合院型别墅。一个个小单元的"四合院"式联排，一改传统Town House兵营式排布的单调布局，创造出重庭叠院的人居韵味。街、弄、院、园、宅、庭六维空间，私家庭院、中央景观带、邻里共享空间、会所空间、生态空间层层递进，为主人带来强烈的归属感与领域感，更富生活情趣。

　　整个小区景观依托现有空间三面环水的天然景观环境和建筑的布局，以线性水景观带及庭院景观展开。整体环境布局、路面铺装、植栽种植都力求体现出宜人的亲和力。通过高低不同，参差错落的矮墙以及围合的种植设计，形成一个个温馨及充满安全感的活动场地，同时整个环境布局又不失整洁大方。

总平面图

总体鸟瞰图一

图例：
别墅区 ▬▬▬▬
高层住宅区 ▬▬▬▬
商业区 ▬▬▬▬

功能系统分析图

图例：
消防车道　----
消防回车场　----
消防登高面　━━━━

消防系统分析图

图例：
城市道路　■■■■
别墅车流　----
高层住宅车流　----
地下车库出入口　━━━━
回车场　■■■■

车行系统分析图

图例：
地上停车位
别墅区半地下车库范围
高层区地下车库范围
地下车库出入口

停车系统分析图

图例：
别墅区人流
高层住宅区人流

人行系统分析图

成都悉尼湾意境区

项目地点：四川省成都市新都大丰北新干线西侧
开发商：四川龙旺置业有限公司
景观设计：景虎国际（成都景虎景观设计有限公司）
占地面积：22 398 m²

　　悉尼湾意境区位于成都新都大丰北新干线西侧，地段开阔，曲水环绕，交通便利。规划用地面积为22 398 m²。

　　设计师们在悉尼湾意境区的设计中，根据"悉尼湾"的项目名称，描述了一个以"库克船长历险记"为主线索的故事。将"如今，我们发现悉尼湾"作为景观设计的灵魂。如此，一个"澳洲风情休闲景观"的主题场景便展现在众人的面前。

　　悉尼湾意境区的整个景观设计考虑以功能为主，从多方面满足人们的需求。整个意境区共分为七个部分：主入口与运动公园、丛林探险、发现新大陆、艺术走廊、下沉剧场、库克的后花园、休闲运动景观区。

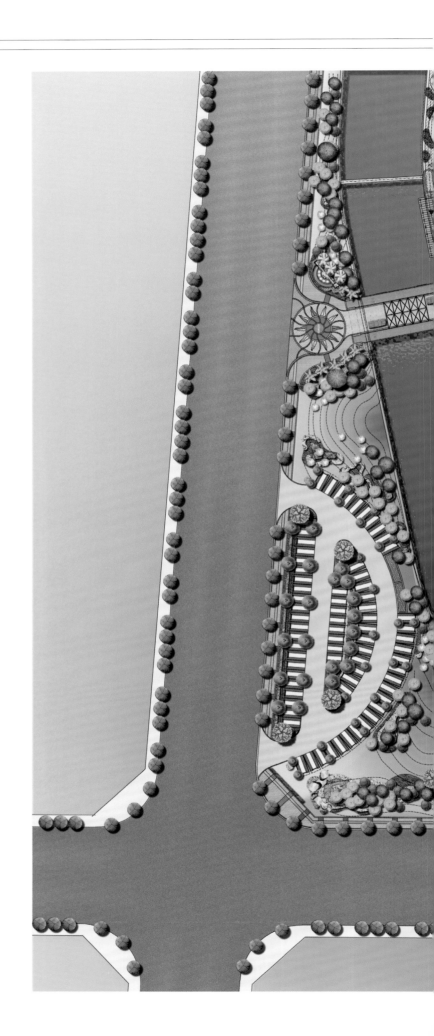

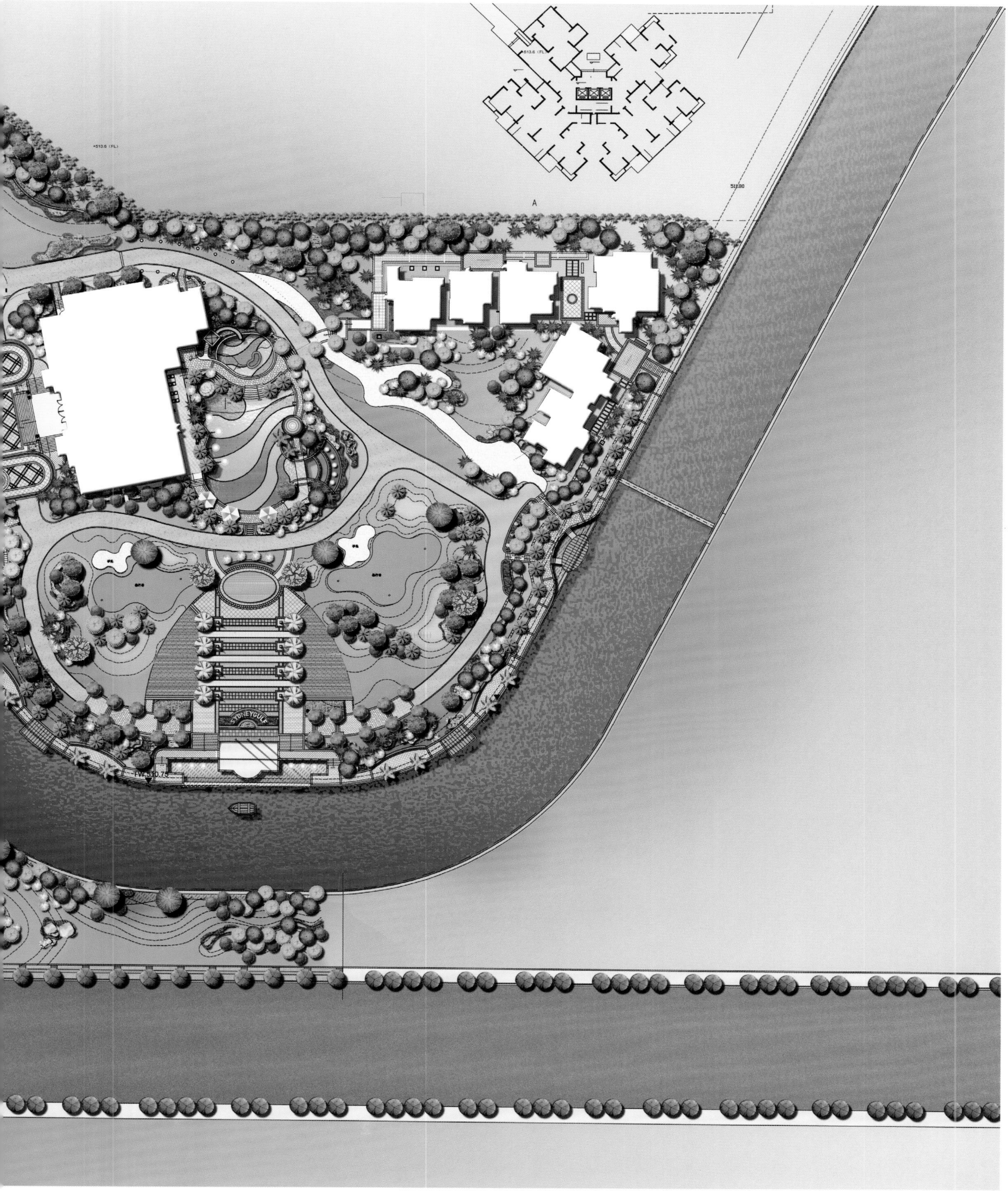
511.80
A

杭州万科良渚文化村 玉鸟流苏

项目地点：浙江省杭州市
景观设计：北京创翌高峰园林工程咨询有限
责任公司
占地面积：186 111 m²

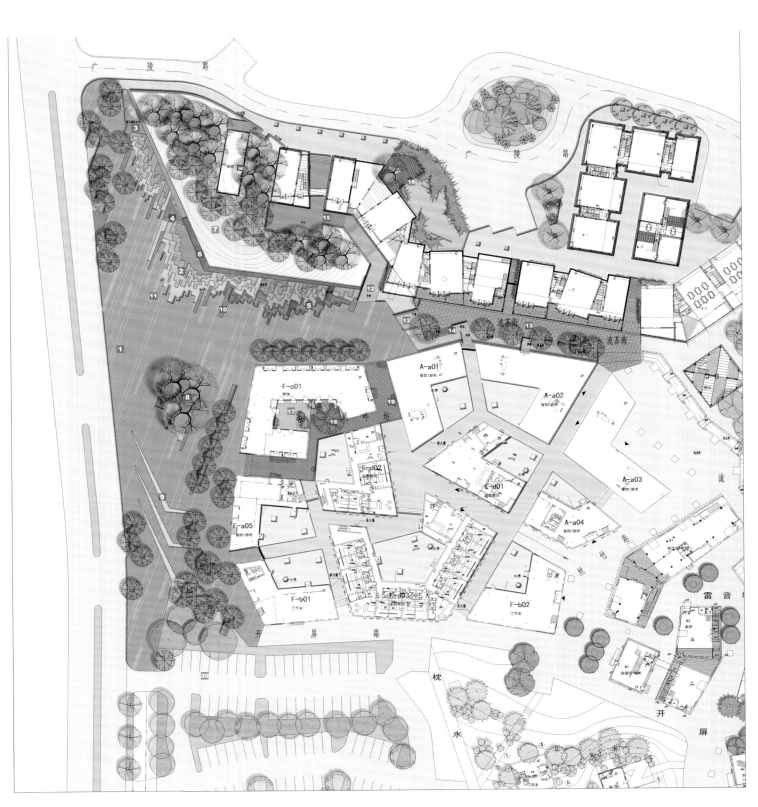

良渚文化村位于杭州西北部翠色连绵的群山东麓,在以远古文明而蜚声中外的良渚古城之畔,规划为大型生活居住综合板块。玉鸟流苏是此板块文化休闲娱乐的中心区域。此区域连接地域文脉,又营造一种新的地域文化及消费环境,是休闲、交流、讨论的场所,反映城市人开放和自由的心态。

玉鸟流苏区域参照中国丽江古城的四方街、奥地利维也纳的音乐街、英国答勒姆郡斯坦利的怀旧街、日本东京的自由丘、美国纽约的情人街等设计经验,将体现出良渚文化的精神内核——独创和面向未来的拓展力,使其自身成为"中国良渚文化村"未来的历史性场所。

在富于特色的商业聚落的定位下,其景观环境的塑造与一般城市形态的商业空间不同,表现在两个方面:在尺度上,要建立与周边的山势和引人流连的曲折街巷的过渡;在形态上,要沟通传统小镇街坊与现代商业文明的对话。从而,使近人尺度的文化商业街坊舒展地落位于群山脚下,在当代语境中传递历史小镇温馨的生活态度。

从地面逐渐升起的石墙局部转换为暖红的锈钢墙体。抬升的绿色坡地与凿石为底的浅池,共同簇拥出尺度舒展的小镇入口空间。一道清溪转折进入街巷深处,粗糙的石材、江南特色的小青砖与黑瓦铺就的或宽或窄的街巷与建筑嵌合呼应。大小错落的商业庭院营造出宜人而丰富的室外场所,沟通着室内与室外、街巷与街巷的联系,空间的限定与空间的渗透自由组合,小镇生活由此生动地展开。

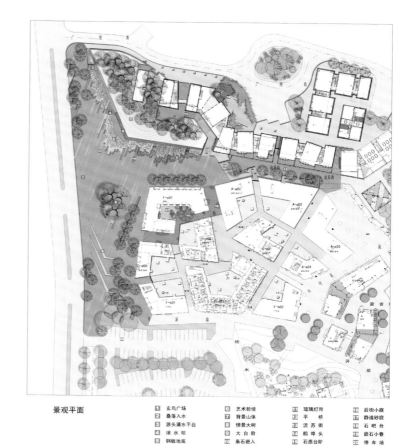

景观平面

1 玄鸟广场	6 艺术折墙	11 玻璃灯带	16 后街小庭
2 叠落池水	7 背景山体	12 平桥	17 静谧砂庭
3 源头涌水平台	8 情景大树	13 流苏街	18 石吧台
4 滚水溢坝	9 大台阶	14 船埠头	19 嵌石小巷
5 钢板池底	10 条石嵌入	15 石质台阶	20 停车场

良渚文化博物馆

竹径茶语

水畔酒店

白鹭郡北

白鹭郡西

104 国道

阳光天际

玉鸟流苏

白鹭郡东

白鹭郡南一期

白鹭郡南二期

劝学里

北

0 50 150 250   500m

LOW-DENSITY RESIDENTIAL BUILDING

低密度住宅

Straight line

直线　　　　　　136-199

项目地点：浙江省东阳市
建筑设计：安道（香港）景观与建筑设计有限公司
占地面积：89 905 m²
总建筑面积：204 930 m²

　　设计采用新古典主义风格，强调平面的简洁与立面的丰富，紧凑简化而不失典雅品质，注意立面的转折与高低错落。安详而尊贵的风格与精巧、细致的细部设计，摆脱了乏味感，也体现了对新世界的住宅建筑的展望。色彩与材质弃轻浮而取凝重，水平与垂直板材穿插，取玻璃、石材等建材来体现其新兴化传统与现代相结合的风貌，符合几千年人类对经典建筑的审美趣味。

总平面图

项目地点：江苏省常熟市
建筑设计：上海创盟国际建筑设计有限公司

　　理想城地处苏州高新区规划重点发展区域——西北板块的腹地，占地面积约30万
m²，总建筑面积约50万 m²，项目规划有多层、小高层、高层及商业、幼儿园和地下汽车
库。主力户型两室建筑面积为80~90 m²，三室为110~120 m²。一期推出多层，以精致二
室、三室为主。二期推出小高层，主要集中于中央景观轴两侧，临近面积为4000 m²的休
闲会所和苏州外国语附属幼儿园入口，景观价值优越，户型建筑面积为60~140 m²。

石家庄易水龙脉

项目地点:河北省石家庄市
开发商:河北乾丰房地产开发有限公司
规划/建筑/景观设计:美国龙安建筑规划设计顾问有限公司

　　项目主要由独栋别墅、联排别墅及小高层组成。
楼与楼之间间距较大,布置成绿化面积。同时,在小
高层屋顶布置绿化植被。交通系统纵横交错,且在社
区内部设有曲折的人行道路,人车分流,合理便捷。

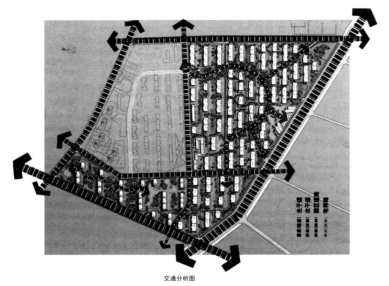

交通分析图

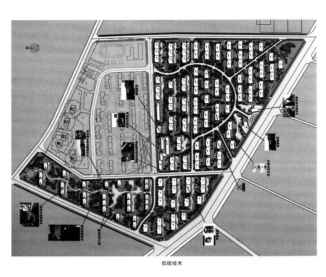

低碳技术

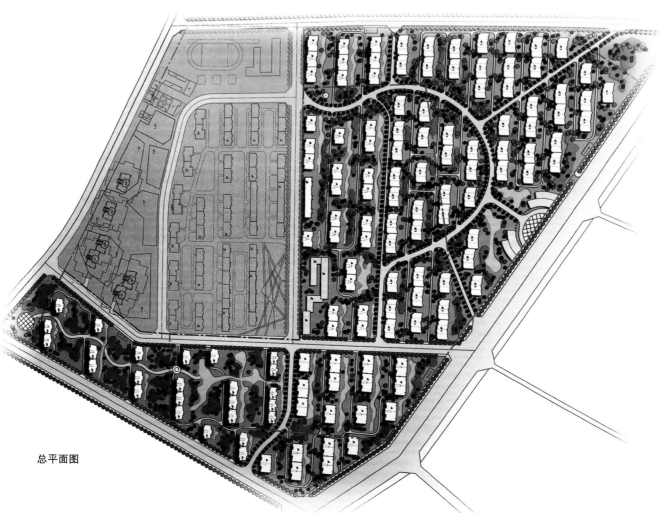

总平面图

北京福提岛翡翠城

项目地点：北京市大兴区
开发商：北京华润曙光房地产开发有限公司
建筑设计：北京中联环建文建筑设计有限公司
总建筑面积：134 142m²

　　福提岛是翡翠城第五期的全新产品，是以Town House、花厅洋楼、板式小高层为主导产品的低密度项目。福提岛充分利用原生林木打造园林环境和水景社区，同时结合北京现代住区的特点并加以提炼、融合，形成以自然葱郁的生态景观为基调，以精致、温馨、蕴涵浓郁东方文化情趣的主题性景观为特色的住区景观效果。

　　在联排住宅组团之间，有错落分布的带状公共绿地，设置了回环连绵的溪流景观，潺潺的水流结合溪畔的花木、院落，为住宅的室内增添了幽静的风景视野，也为家居庭院增加了亲水的情趣，成为社区内又一个景观特色。

　　东入口临近会所建筑及社区集中绿地，北侧是面积近3 000 m²的集中绿地景观。起伏的绿色坡地渲染出舒缓闲适的恬静，高低错落的乔木投落下婆娑的树影。在绿坡之上是平展的木制休闲平台及廊架。向东，平台与会所相连，结合水池、竹林、阳伞、桌椅，营造出一处幽雅的室外休闲交往场所。

项目地点：宁夏回族自治区银川市
开发商：宁夏凯威地产开发有限公司
建筑设计：北京科可兰建筑设计咨询有限公司
占地面积：177 000 m²
总建筑面积：298 000 m²
容积率：1.35
绿化率：35.1%

　　观湖一号是生态、环保、节能、低密度、现代
中式的建筑面积近30万 m²高档居住区。观湖一
号位居北塔生态居住区，从北塔湖向西，依次规
划联排别墅、类别墅、湖景阳房，整体布局叠叠
退层、错落有序，社区幼儿园、会所、游泳池、运
动休闲广场等一应俱全。

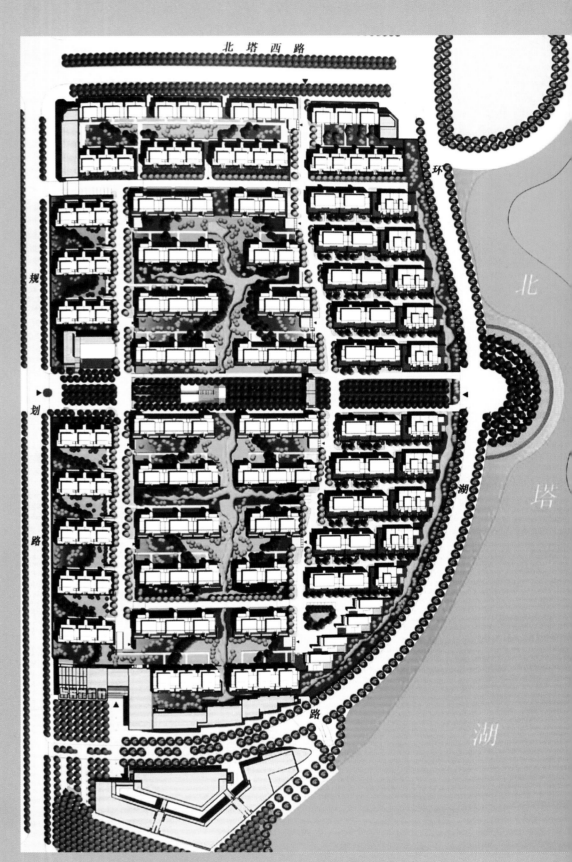

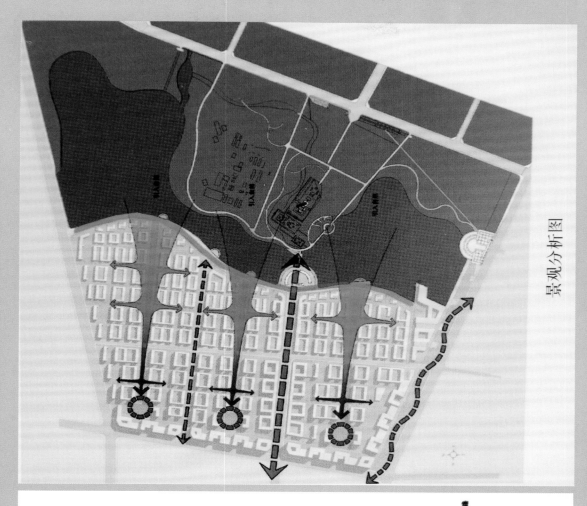

景观分析图

交通分析图

无锡栖园

项目地点：江苏省无锡市
建筑设计：陈世民建筑师事务所有限公司
占地面积：112 600 m²
建筑面积：230 000 m²

　　无锡栖园位于无锡市滨湖区香雪路与渔港路交叉口的西北侧。该地块处于无锡太湖风景区的环抱之中，北倚江南赏梅胜地梅园，南与美丽的鼋头渚公园隔湖相望，五蠡湖近在咫尺，整个地块为湖光山色和园林春光所簇拥，有赏不尽的绿岛风光，看不完的四季美景。该项目周边有太湖饭店、无锡乐园等生活、休闲配套设施。整个地块占地面积11.26万 m²，总建筑面积约23万 m²。同时，香雪路地块定位于中高档小区，并应政府要求，拟建一座建筑面积为5万 m²的五星级酒店，以提升该项目的居住品质。

上海佘山山水四季城

项目地点：上海市松江区
开发商：星狮地产
占地面积：710 000 m²
总建筑面积：830 000 m²

山水四季城萃取新加坡活力四射的生活元素，将鲜亮明快的现代简约风格注入到社区的建筑、景观之中，温暖活泼，热情洋溢。院落别墅以"独门多院"的建筑思想，让每一户别墅都拥有独立的前园、后院、中庭及若干露台，让Town House更富栽花种柳的生活情趣，让居住者拥有有天有地的自由空间。

Master plan
总体规划平面图

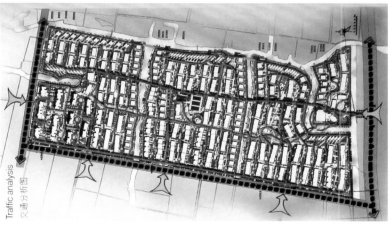

Traffic analysis
交通分析图

Overall aerial view
整体鸟瞰图

天津至道庄园

项目地点：天津市
开发商：天津万事兴房地产集团
规划/建筑/景观设计：天际线（北京）国际建
筑设计事务所有限责任公司
总建筑面积：120 000 m²

　　项目为40幢三层至五层高的住宅楼，设有一个单
层高的地下室，总建筑面积约为120 000 m²，产品有
独栋别墅、联排别墅和花园洋房三种。

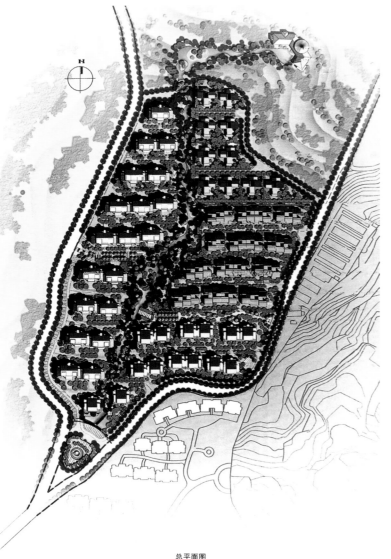

总平面图

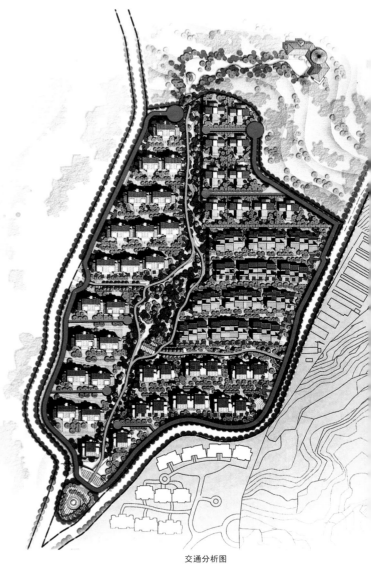

交通分析图

惠州光耀城

项目地点：广东省惠州市
开发商：惠州市光耀集团有限公司
建筑设计：浙江省建工建筑设计院有限公司大元设计所
景观设计：东莞当代卓艺
占地面积：1 000 000 m²
建筑面积：1 000 000 m²

惠州光耀城位于惠阳区淡水北环路与惠南大道交会处，项目占地面积100万 m²，建筑面积100万 m²。惠州光耀城是湖山纯别墅社区，纯粹的英伦学派风格别墅，位于深圳东面，距深汕高速出口仅2分钟车程，交通十分便利。项目内拥有面积为8万 m²的天然湖景及6万 m²的原生山林会所。从光耀城到深汕高速淡水出口仅需5分钟车程，从深圳来光耀城，可以走水官、机荷、梅观高速。连接双城正在施工的有沿海高速。地铁3号线从深圳红岭站至双龙站，12号线连接体育新城、龙岗中心城、东部新城等片区，并衔接厦深铁路龙岗站，通车后将实现深惠1小时的经济生活圈。

惠州光耀城拥有面积为8万 m²原生湖，湖底有天然的泉眼，10万 m²的山庄，6万 m²的山体公园，9洞高尔夫球场。一期推出77套联排别墅，有四联排、六联排和七联排，面积为340~445 m²，赠送面积部分包括私家花园、露台、中空庭院，十分超值。光耀城的整体风格为典雅、庄重的英伦皇家风格，配套有国际风情商业街，规划有餐饮、酒吧以及时尚元素一条街、大型的生活超市、湖岸休闲广场和皇家会所。

惠州光耀城结合庄重而不失典雅的英伦建筑品格，采用具有异国情调的欧式皇家园林，将天然水系引入并贯穿整个社区，结合山地、水系，运用中国园林的借景手法引远山入景，同时利用南方良好的气候打造出个性迥异的绿化空间，使山水之秀与建筑之美交相辉映。项目一期推出77套联排别墅，二期一组团推出72套联排别墅，二期二组团42套联排别墅，二期三组团30多套联排别墅。光耀城的教育配套，包括光耀实验学校（现为北师大教育实习基地）在主入口的对面，目前已有学生1 300人，分小学和初中部。

光耀城项目总平面图

大连万科乐百年

项目地点 : 辽宁省大连市
景观设计 : 北京创翌高峰园林工程咨询有限责任公司

　　本案建筑风格为地中海西班牙风格, 且有强烈
的地域人文特色。景观设计在地域人文色彩中注入
本土自然, 用大地景物托出山地建筑氛围, 使社区在
大地上生长, 建筑被植物包裹掩映, 营造出质朴、厚
重、自然的山地景观居住社区。

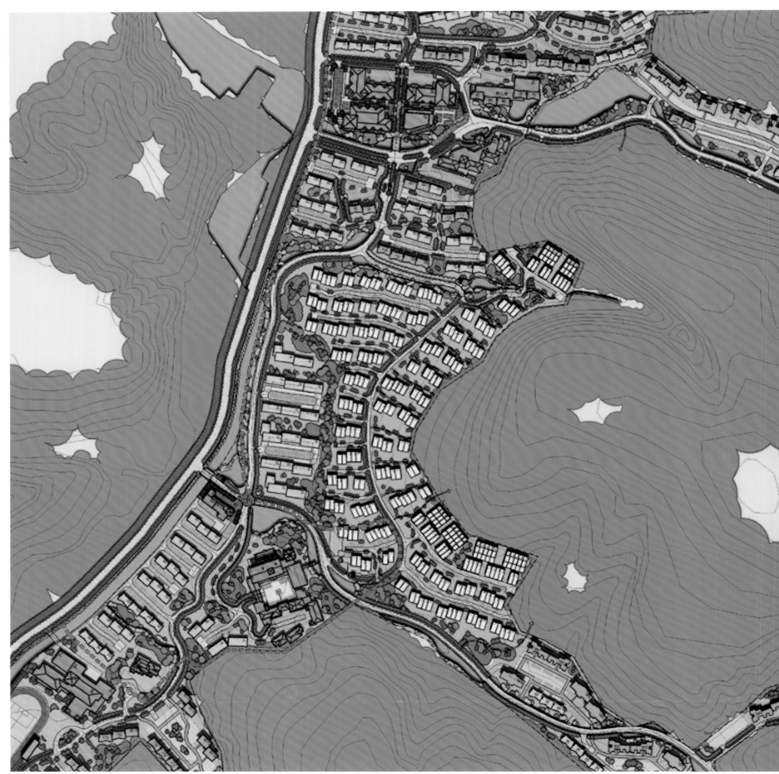

主要景观参观路径
样板小院参观路径
登高参观路径
后期主要景观路径
会所与样板院连通路径
人行景观路径

参观路径

竖向图

景观

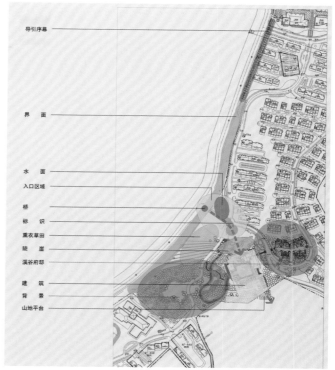

导引序幕

界　面

水　面
入口区域
桥
标　识
薰衣草田
陡　崖
溪谷府邸
建　筑
背　景
山地平台

昆山品院别墅区

项目地点：江苏省昆山市
建筑设计：上海创盟国际建筑设计有限公司

　　项目位于昆山城西，城西马鞍山路和前进路的道路建设得很好，在阳澄湖边上，靠近生态森林公园，有天然的自然方面的优势，是个适宜居住的区域。同时，西部交通有明显优势，马鞍山路、339省道等都能很方便地连接到321国道和苏州绕城公路。

　　项目为纯水岸联排别墅，建筑特色鲜明，不仅结合了江南浓厚的文化底蕴，更汲取现代建筑人性化的空间特色，形成古今交融的新江南宅院风格。

西安中海铂宫

项目地点：陕西省西安市
开发商：中海地产（西安）有限公司

　　中海铂宫在规划上具有可持续性和创新性，外依曲江地貌，享双湖滋养，三园环抱，与面积为3 666 666 m²的绿地融为一体。园区以自然元素为主旨，通过核心景观轴及立体私家花园体系与建筑空间完美融合。

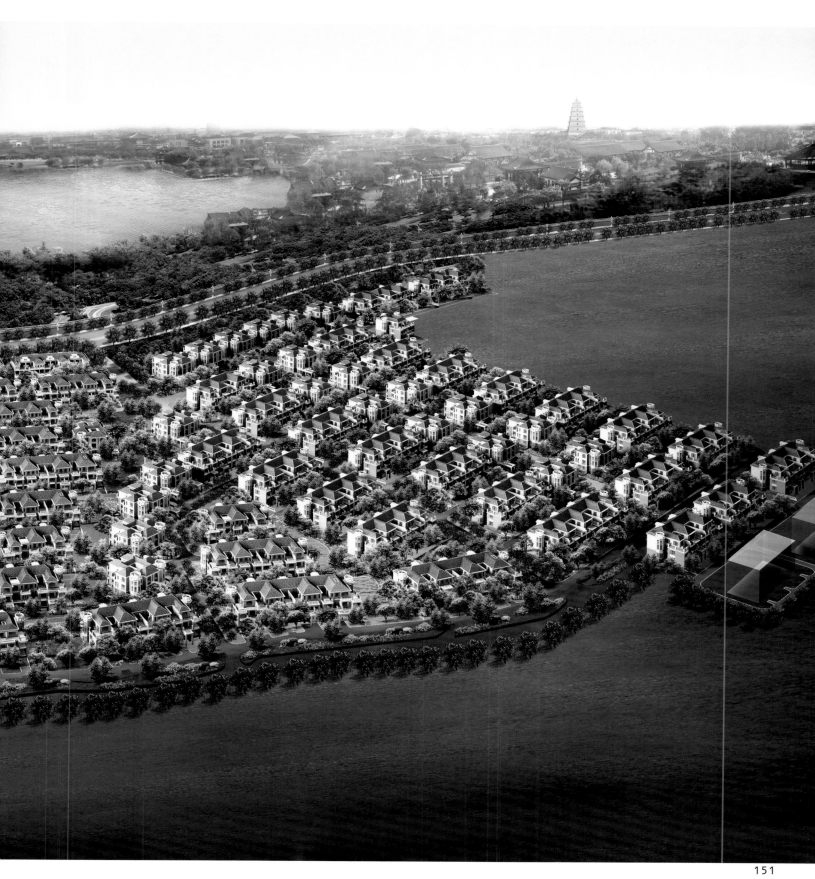

成都中铁·奥维尔

项目地点：四川省成都市
开 发 商：中铁八局集团房地产开发有限公司
建筑设计：陈世民建筑师事务所有限公司
建筑面积：390 000 m²
容 积 率：1.03
绿 化 率：35%

　　"中铁·奥维尔"位于成都市规划中的西部健康休闲新城区域的郫县—望丛文化产业园腹心地带，占地面积为310 000 m²，总建筑面积为39万 m²。项目在317国道与建设中的成青快铁郫筒西站旁，东傍陀江河支流红星渠，北临成灌快铁和老成灌路，西沿规划中的红杨路，南靠陀江河，环境优美，交通便捷。为了较好利用项目资源，项目以法国斑斓小镇"奥维尔"为蓝本，取名为"中铁·奥维尔"，项目主要打造为颇具欧陆风情的别墅，另有部分花园洋房和小高层。

安徽名园

项目地点：安徽省合肥市
建筑设计：美国DF设计
建筑面积：230 000 m²

　　安徽名园以现代居住需求为开发之本，开拓创新，着力打造绿色、生态、可持续的精品社区。安徽名园为时尚现代的围合式景观公寓住宅，提供2房、3房、4房，建筑面积为70~150 m²的不同户型，既有优越的区位环境，又有完善的周边配套；既有科学艺术的规划与设计，又有精益求精的建设施工。安徽名园必将会建成凝聚中国传统居住理念，融合现代建筑科学的标志性与人性化的生活社区。

　　项目建筑和景观都由知名设计公司设计，在中国居住文化的基础上巧妙地融合当今混居社区的规划理念，实现了三重院落，旨在将名园打造成为一个崇尚自然、自由、和谐、时尚的生活环境，建筑格局同时具有八大创新，分别为空中庭院、首层廊院、退台、阳台花池、半地下室、休闲架空层、创新小复式、空中别墅。

深圳东海万豪广场

项目地点：广东省深圳市南山区
开发商：深圳东海房地产开发有限公司
建筑设计：新加坡ARCHURBAN（雅科本）设计服务有限公司
占地面积：10 900 m²
建筑面积：28 200 m²

　　东海万豪广场坐落于深圳市南硅谷高尚住宅区，东临位于沙河西路旁面积为150万 m²的沙河高尔夫球场，南接滨海大道，北临高新科技园，西对科技南路，与虚拟大学园、联想集团、中兴通讯、深圳软件园为临。深圳大学、南山外国语小学、南山高新中学等文教配套举步即达。楼盘前就是广阔的深圳湾和延绵15 km的滨海生态公园。全城有罕见的骄人配套，造就极品豪宅生活享受。

　　项目分为商用和居住用地两个部分，东海万豪广场外形极具异国风情，设计新颖独特，为南硅谷片区一大商业社区，全商场采用自由街铺间隔的经营运作模式，装修设计高尚典雅，充分体现富人社区的品位和特点，打造生机勃勃的消费商圈，曾引发过"南硅

谷"一场前所未有的商业浪潮。根据高层次规划要求，在用地西南角设计一定面积的城市广场，功能上以社区配套的商业为主，住宅为辅。建筑师利用商业建筑对城市广场进行围合和塑造，形成了富于特色的商业空间和入口广场，同时，通过合理的人流分布，在商业建筑的屋顶平台，另辟蹊径，设计屋顶花园和低层集合住宅，园林丰富细腻，建筑尺度亲切，动中取静，别有天地。

　　住宅小区一楼为复式花园，形成了窗窗有景、移步换景的动人景致，缤纷植物飘然而至。花园交相呼应、相映生辉，形成一幅立体的旖旎画卷，让家中的每个角落都成为赏心悦目的优裕空间。屋苑内水景园林、瀑布泳池等精彩纷呈，并提供充裕停车位。

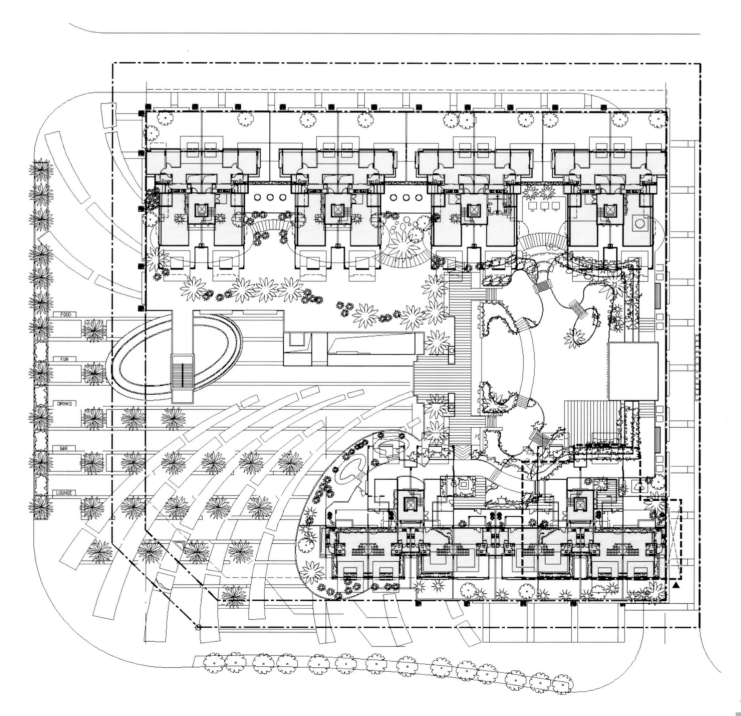

桂林彰泰第六园

项目地点：广西壮族自治区桂林市
开发商：广西桂林彰泰实业开发有限公司
景观设计：科美都市景观规划有限公司
占地面积：65 229 m²
建筑面积：52 220 m²

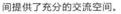

　　彰泰第六园地处桂林市穿山公园内，规划用地面积65 290 m²，建筑面积52 232 m²。周边区域内风景秀丽，位置优越，依山傍水，交通便捷，资讯发达，设施完善。著名的七星岩、骆驼山、桂海碑林、穿山、塔山、尧山风景区和靖江王陵均在辖区内。桂林国际会展中心、桂林体育馆也都是辖区的标志性建筑。

　　项目在规划上充分体现"以人为本"的设计理念，体现项目在人文、景观、生态、建筑、地域等方面的价值。整体规划布局科学、实用，以村落、院落作为规划的细胞，将传统符号引入整体规划之中，形成尺度宜人的居住单元，让住户充分感受到建筑所带来的空间感。

　　在规划立意上采用类村落的空间形式，自然而贯通地与山水环境相融合，创造出了丰富的空间形态，体现了"村中园，园中院，院中庭"的精神气质、文化底蕴和内涵。人们都希望很悠闲地相处，很自在地生活，为此通过街坊、街巷、大院小院内院的空间层次上的过渡，在强调私密性和领域性的同时也为邻里之间提供了充分的交流空间。

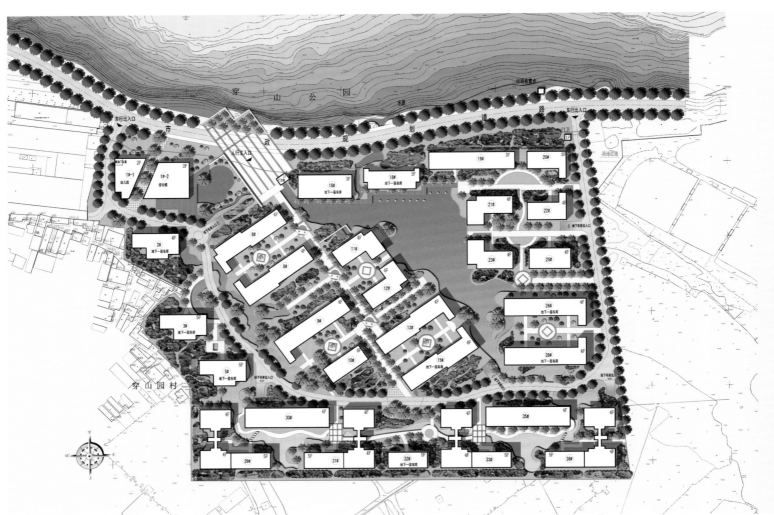

01 主入口水景
02 特色灯柱
03 标识景墙
04 村口大树（原有大树）
05 林荫广场
06 儿童戏水水池
07 泳池
08 渡头渔火
09 疏柳堤
10 龙吟台（水上戏台）
11 潜龙潭
12 对歌台
13 情景雕塑——"渔"
14 木栈桥
15 玲珑水榭
16 情景雕塑——"织"
17 情景雕塑——"牧"
18 莲花池
19 儿童天地
20 情景雕塑——"武"

21 尚武广场
22 亲水平台
23 浣纱溪
24 弄影桥
25 对弈台
26 汀步
27 古井
28 情景雕塑——"歌"
29 院落交往平台
30 锦鲤池
31 情景雕塑——"读"
32 水中树池
33 稻田
34 情景雕塑——"耕"
35 山石瀑布
36 山径
37 情景雕塑——"樵"
38 邀月亭
39 碑林
40 地库出入口

穿山公园

穿山园村

☼ 主要景观节点
✳ 次要景观节点
━ 景观轴线
━ 庭院景观
━ 山体景观带
━ 水体景观带

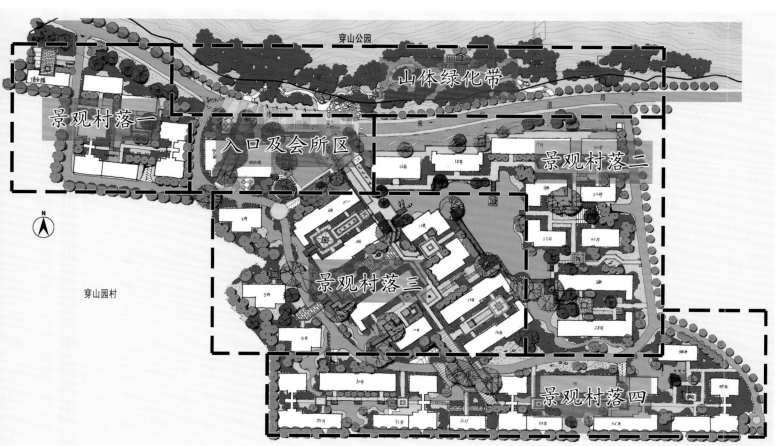

穿山公园

山体绿化带

景观村落一

入口及会所区

景观村落二

景观村落三

穿山园村

景观村落四

上海白金院邸

项目地点：上海市嘉定区
开发商：上海格林风范房地产开发有限公司
建筑设计：上海奥舍建筑师事务所
景观设计：上海贝伦汉斯景观建筑设计工程有限公司
占地面积：130 000 m²
总建筑面积：131 965 m²

　　白金院邸位于嘉定南翔，南临天然河道。
小区入口东临绿洲星城商业中心、澳洲风情街
和面积为3 300 m²的室内菜场，且小区内规划
医疗配套完善的养老院。白金院邸联拼别墅
白金涟庭设计风格为新亚洲主义，且为临河景
观别墅，开创全新的别墅住宅形式——联拼别
墅，其构建取联排别墅及双拼别墅之长，在面
积大小、空间尺度、栋间距离、自然景观等各
个方面都更为舒适。

佛山顺德美的御海东郡

项目地点：广东省佛山市顺德区
建筑设计：深圳市清华苑建筑设计有限公司综合四室
主设计师：吴少华、龚霄、谭霖
占地面积：254 629.69 m²
总建筑面积：700 000 m²

御海东郡占地面积254 629.69 m²，总建筑面积700 000 m²，被德胜河和眉蕉河环抱。该项目一期的主要产品为占地面积500~800 m²的独立别墅和建筑面积300~400 m²的联排别墅产品，项目总共规划有80套独立别墅和500套联排产品。

在项目规划及产品设计上，这一项目坚持环保、自然、生态的原则，保持室内自然的通风采光，节省能耗；摒弃传统别墅花园的分布方式，创新地将建筑靠侧，令花园实用最大化；270度观景玻璃墙体，将整个花园的景色纳入室内，成为房子里的天然装饰。

上海松江辰花路

项目地点：上海市
开发商：上海绿地集团事业一部
建筑设计：英国UA国际建筑设计有限公司
占地面积：186 500 m²
总建筑面积：299 800 m²

　　项目致力于打造一座集原味英式联排别墅、高层、商业街、广场、会所于一体的纯正英伦风格居住区。社区采取了高层与低层住宅分别成区、分别管理的方式，高层住宅由32栋11~12层住宅组成，联排别墅沿地块西南部呈鱼骨式紧密排列，主要有建筑面积为85 m²、103 m²两种产品。

　　高层社区打破传统封闭的邻里层次，以舒适的步行距离为尺度，将空间分为三个层次，次街入口的第一级空间、组团入口的第二级空间、单元入口的第三级空间，从公共空间到私密空间的过渡自然而丰富，不同的人群有各自的归属，使邻里之间倍感亲切。

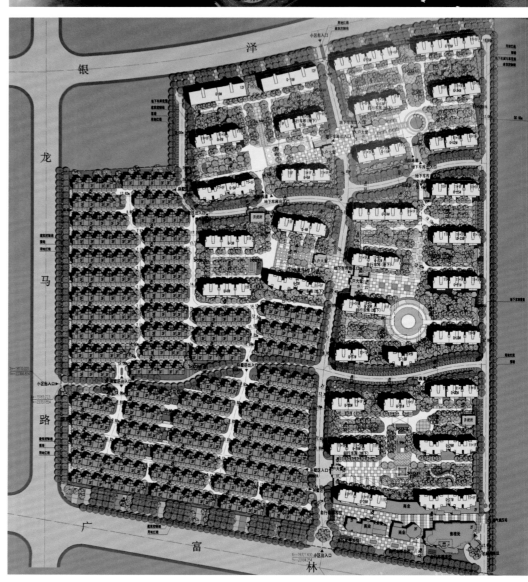

西安海域诺丁山

项目地点：陕西省西安市
开发商：绿地集团西北事业部
建筑设计：英国UA国际建筑设计有限公司
占地面积：34 300 m²
总建筑面积：50 700 m²

该方案设计内容包括住宅建筑整体及局部最终效果表现、各立面材质表现、石材划分及面砖铺贴原则等。建筑外立面采用的建筑材料主要有米黄色涂料、透明双层中空玻璃、咖啡色铝合金窗框、百叶等。

北京燕西台

项目地点：北京市海淀区
开发商：北京新凤凰城房地产开发有限公司
景观设计：ECOLAND易兰（亚洲）规划设计公司
建筑设计：北京东方筑中建设规划设计有限公司
占地面积：183 800 m²
总建筑面积：56 900 m²
容积率：0.68
绿化率：30%

　　燕西台位于北京海淀区四季青镇巨山路，交通十分发达便利。从项目眺望西山，风景秀丽，尤其是能观赏到秋季满山的红叶和冬季难得一见的西山雪景，令人感叹。

　　项目总体规划分为A、B、C三个区，其中C区已发售，B区为当地居民回迁房，A区是第二期开发的叠拼花园住宅。

　　燕西台项目属于北京市绿化隔离带项目，周围有面积为466 600 m²的绿地，环境优美，空气质量清新。项目周边配套有高档网球中心、高档会所。由设计团队倾力合作打造的联排别墅，立面色彩和谐、材质考究，每户均有入户大门以及围合式的前后花园，既彰显住户的尊贵，又包含了私密性。户内空间布局大方，实用而浪漫，大部分户型含有观景露台和采光地下室。

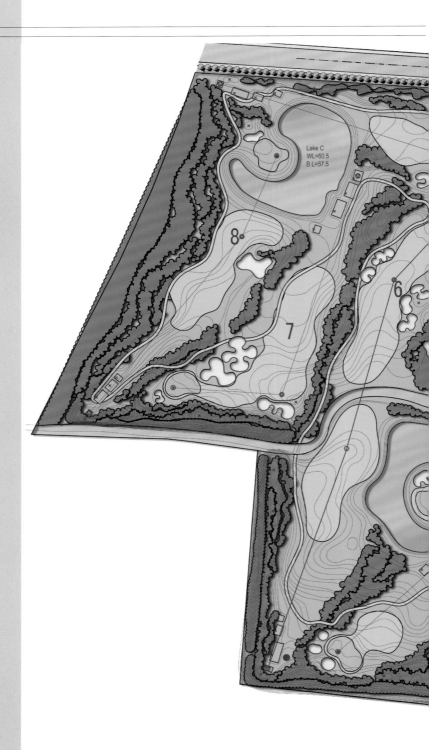

天津海尔家国天下 & 风尚英伦

项目地点：天津市
开发商：天津海尔房地产开发有限公司
规划/建筑设计：天津华汇工程建筑设计有限公司
景观设计：SED 新西林景观国际

　　海尔家国天下&风尚英伦项目位于天嘉湖大道和唐津高速交会处。风尚英伦项目一期的容积率为1.1，家国天下项目的一期仅为0.6，超低密度社区。项目南侧为别墅类产品，以中式造城为规划理念，创造中式生活模式及空间形态，命名"家国天下"；项目北侧为洋房类产品，以新城市主义为规划理念，创造英式生活模式及空间形态，命名"风尚英伦"，形成"双城双核"的对照性规划。南北双城中间地块设计会所及商业街，命名"东西市"，为整体社区提供配套服务。
　　"东西市"两端为体现中西文化特征的书院和俱乐部，使东方新古典和英伦新古典两种风格的建筑产品相互辉映，形成街区和住宅组合的完整社区模式。以"双城双核"为核心理念，创造宜人、和谐、舒适的高尚文化社区。

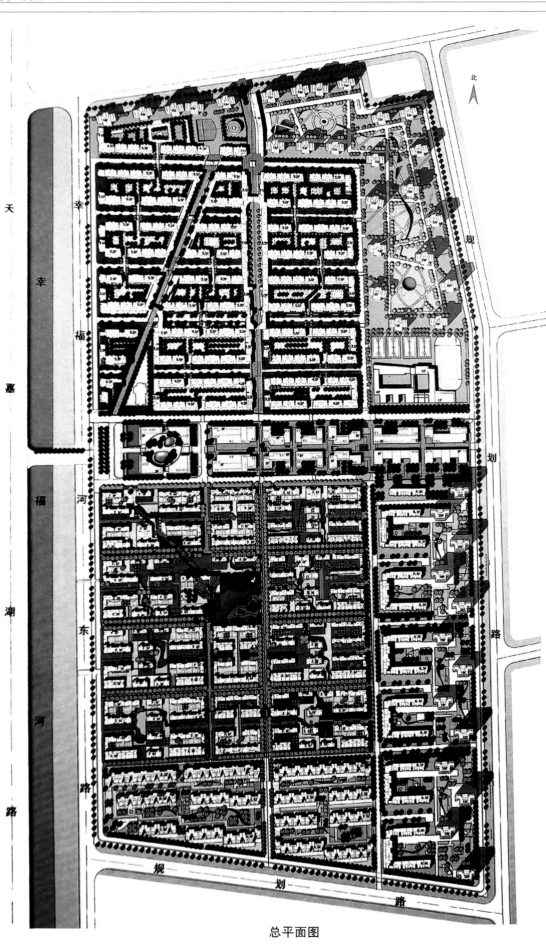

总平面图

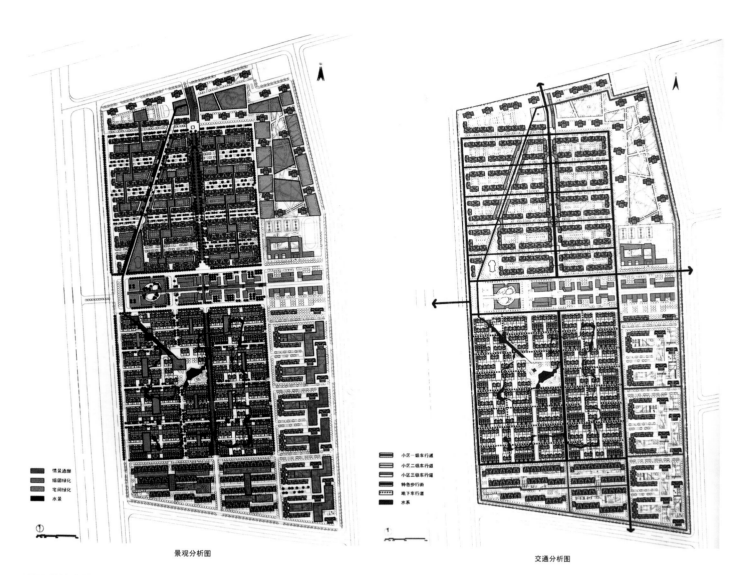

景观分析图

交通分析图

天津武清佛罗伦萨小镇

项目地点：天津市武清区
建筑设计：中联环建文建筑设计有限公司
占地面积：182 590.8 m²
总建筑面积：48 202.66 m²
容积率：0.25
绿化率：25%

项目规划占地面积182 590.8 m²，东起翠亨路，南起前进道，西至翠通路，北至强国道。项目将建成世界名牌总汇，集休闲、娱乐、餐饮、购物、景观于一体的欧式风情高档购物街区。

项目用地南北长506.37 m，东西宽445.06 m，基地内部无需要保留的建筑物。地块由人工运河分为南北两部分，包括商业中心建筑群、道路和停车场。沿着南北建筑群周边均设环形消防车道，并与场区内道路相连。

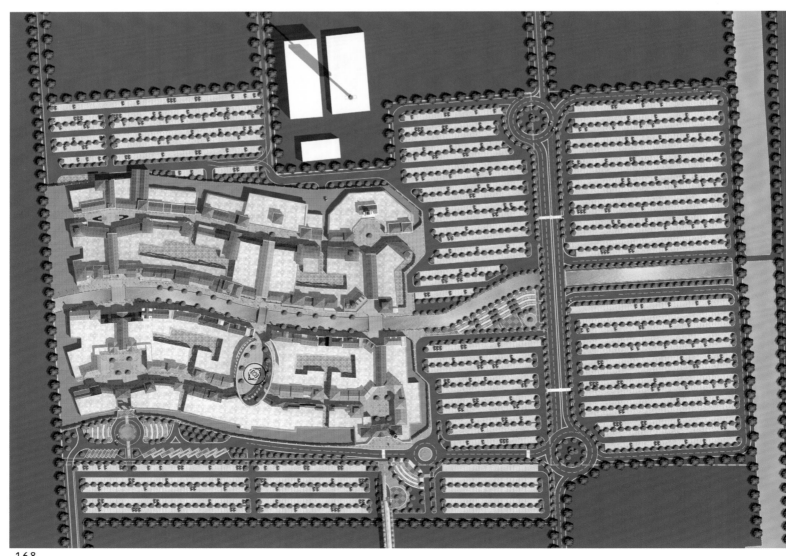

上海绿地 21 城（E 区）

项目地点：上海青浦区
开发商：上海绿地（集团）有限公司

　　绿地21城为生态型、多元文化交融的低密度住宅社区，以道路和风格共划分为A、B、C、D、E、F六个区，其中香榭丽大道、绿地大道和滨江景观大道围合的区域为E区，总体定位要求为中式风格。

　　E区创作基因来自于中国民居的精髓和灵魂。其错落有致、充满韵律感的建筑形式和令人心动的虚实空间的精彩转换，展示了较高的美学价值和国人认同的人文文化艺术价值。

　　此区域规划要点首先注意和整个大社区的其余分区在总体规划控制下的协调统一，河道的设置应与相邻区域有连接的可能。总体中结合设置岛、半岛、水、树等各类中心，并结合现代中式风格定位概念，从总体布局到单体设计均注意中式元素的体现；借鉴传统中国建筑空间层次的典型特征，作为总体布局和单体设计的基本意念，有序地串联各组团间，形成逐级院落、内环交通、向水滨的跌落、错落的天际线意向等。

　　组团和道路依照一定规律设计少量变化，建筑设置小错落，以打破单调感，使街区同时具有中式道路的幽静素雅与步移景换的街巷里坊特色。

天津正信荷兰墅

项目地点：天津市南开区
开发商：天津开发区正信房地产有限公司
规划设计：澳大利亚柏涛（墨尔本）建筑设计公司
建筑设计：天津市中天建筑设计院
景观设计：贝尔高林国际（香港）有限公司
总建筑面积：35 000 m²
容积率：0.6

正信荷兰墅位于外环，整个项目坐落在西南奥运板块。东面是奥运场馆，西临外环线南半环与大学城，南面有市政规划的快速路，北面是阳光100和成熟的华苑居住区，坐拥成熟的居住板块。

项目规划有153栋别墅，坐拥面积为70 000 m²的市政级休闲运动主题公园。正信荷兰墅首度将"乐活"这一风靡全球的生活理念引入天津的高端别墅，倡导"健康可持续性的生活方式"，即"乐活"的生活方式。

上海青浦新城四号

项目地点：上海青浦新城
景观设计：UDG联创国际
景观面积：40 000 m²

　　项目旨在建造舒适的现代中式景观休憩空间，用时尚的手法演绎古老的中式景观。设计以枫、桂、梅、竹为四大区域主题。枫，赏其色，以秋色叶植物为主景树种区域；桂，闻其香，以桂花类植物为主景树种区域；梅，观其形，以梅花等香味植物为主景树种区域；竹，会其意，以竹类植物为主景树种的区域。

　　枫园：在此区域中，秋色叶植物将成为绿化配置的重点，槭树科植物的色叶变化打造了绚烂的秋天，以"枫·色"为主题，就是旨在将此区域打造成有着绚烂秋景的多彩空间，以突出"色"在中国园林中的体现。

　　梅园：此区域以梅花等盛花作为绿化主题树种，当然，香花植物绝不限定于梅花，它泛指了这一类的盛花植物，主旨在形成繁花烂漫的意境。

　　桂园：此区域是本地块的中心区域，也是整个住宅区最重要的轴线景观带，以此中心景观轴线贯穿整个住区。桂花作为上海地区比较优型而且名贵的植物品种，将其种植在此区域，更加突出中心景观的特色。

　　竹园：基地东城区域，建筑宅间距比较大，从而有丰富的景观空间，用竹子来进行空间的分割再适合不过了，从而创造出小中见大、丰富变化的空间布局。

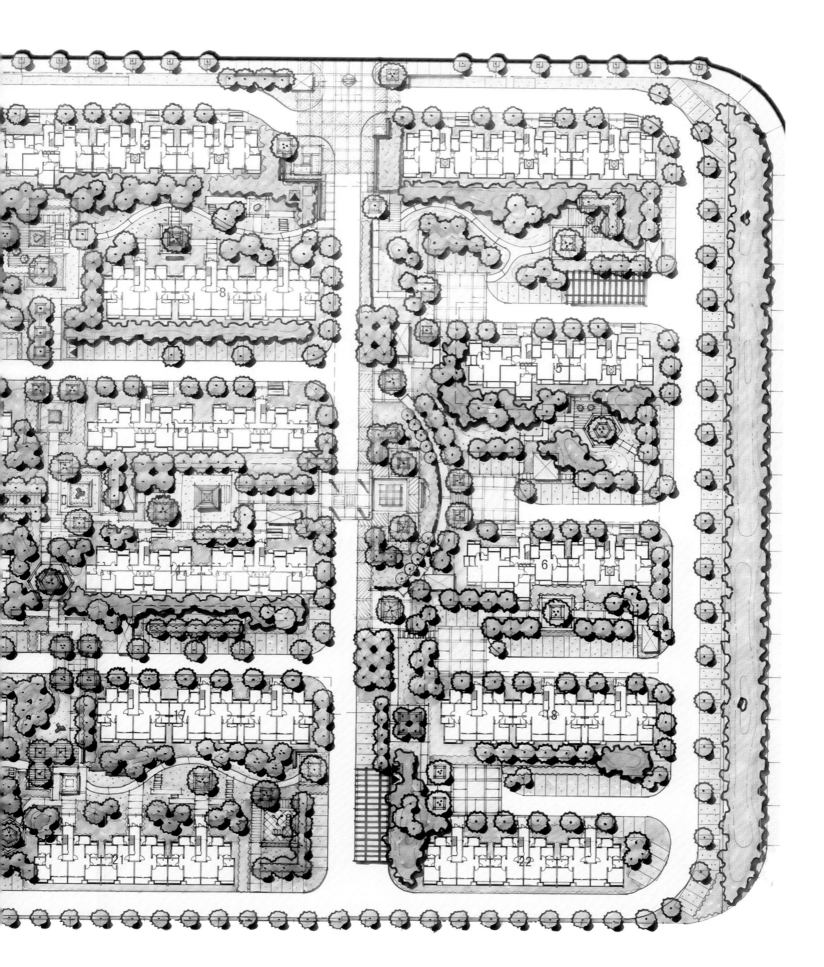

廊坊万庄可持续生态城

项目地点：河北省廊坊
开发商：廊坊上实生态城投资发展有限公司（上海上实集团）
规划/建筑设计：北京三磊建筑设计有限公司
主设计师：张华、范黎
总建筑面积：370 900 m²

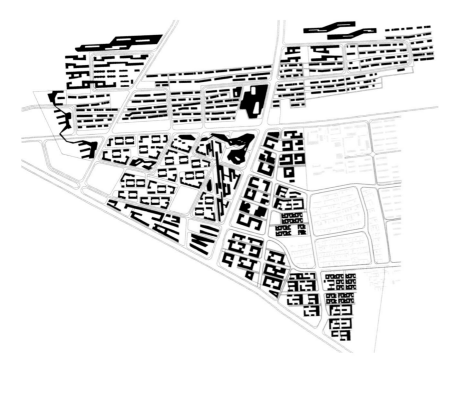

河北省廊坊
规划：廊坊上实生态城投资发展有限公司（上海上实集团）

成都南郡七英里

项目地点：四川省成都市
建筑设计：北京翰时国际建筑设计咨询有限公司
主设计师：余立、张兵
占地面积：99 693.8 m²
总建筑面积：85 354.8 m²

项目位于成都市人民南路沿线，西邻成仁公路。项目用地面积为99 693.8 m²，规划总建筑面积85 354.8 m²。规划整体布局借鉴欧洲小镇住宅的形式，同时融入中国传统庭院理念。通过建筑体量围合，形成相对私密、尺度宜人的组团院落，营造既保持传统文化又独具西方舒适性的生活氛围。组团绿化向中心水系渗透，将每个组团包围在环状绿岛中央。项目户型设计极大地满足使用的合理性及舒适性，每户均享有前后庭院及围合式内庭院，在户内形成露天空间，各种不同庭院空间的设计，继承川西文脉，同时又加以创新，以邻里空间的塑造为主题，创造都市内的庄园生活。

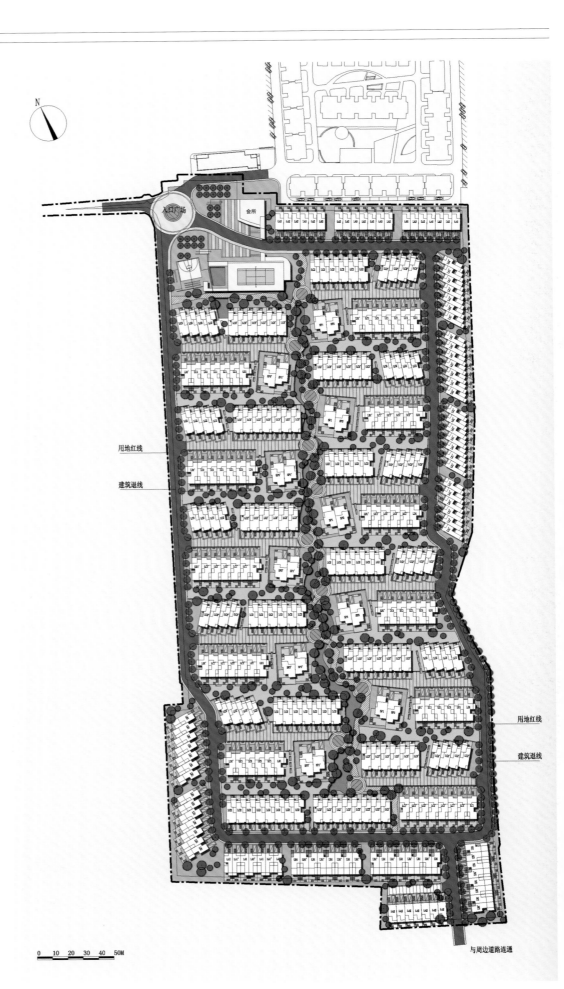

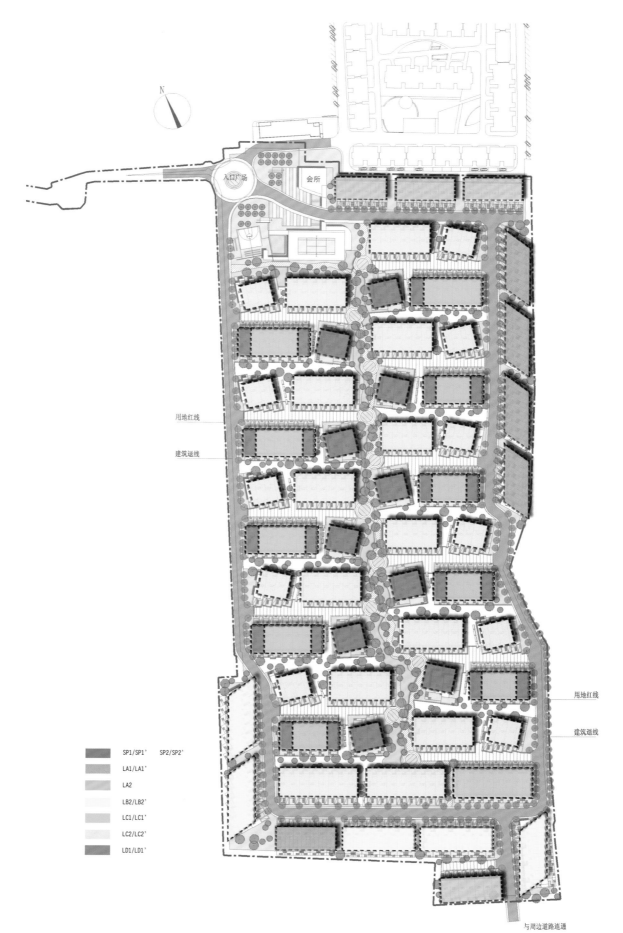

入口广场

会所

用地红线

建筑退线

用地红线

建筑退线

与周边道路连通

SP1/SP1'   SP2/SP2'

LA1/LA1'

LA2

LB2/LB2'

LC1/LC1'

LC2/LC2'

LD1/LD1'

南京城开·汤山公馆

项目地点：江苏省南京市
开发商：南京城开集团
建筑设计：澳大利亚柏涛（墨尔本）建筑设计公司
占地面积：145 172 m²
总建筑面积：150 000 m²
容积率：0.8
绿化率：40%

　　城开·汤山公馆位于南京市东郊汤山镇，温泉路以南、汤水河以西、汤铜路以北，离沪宁高速汤山出口1 km，占地面积145 172 m²。

　　项目采用民国建筑风格结合现代时尚元素打造而成，是集温泉、山水、街巷、民国情调于一体的高端中国生活区。建成后，温泉将被引入每家每户。该项目的公寓形式中，其最小建筑面积为60 m²。

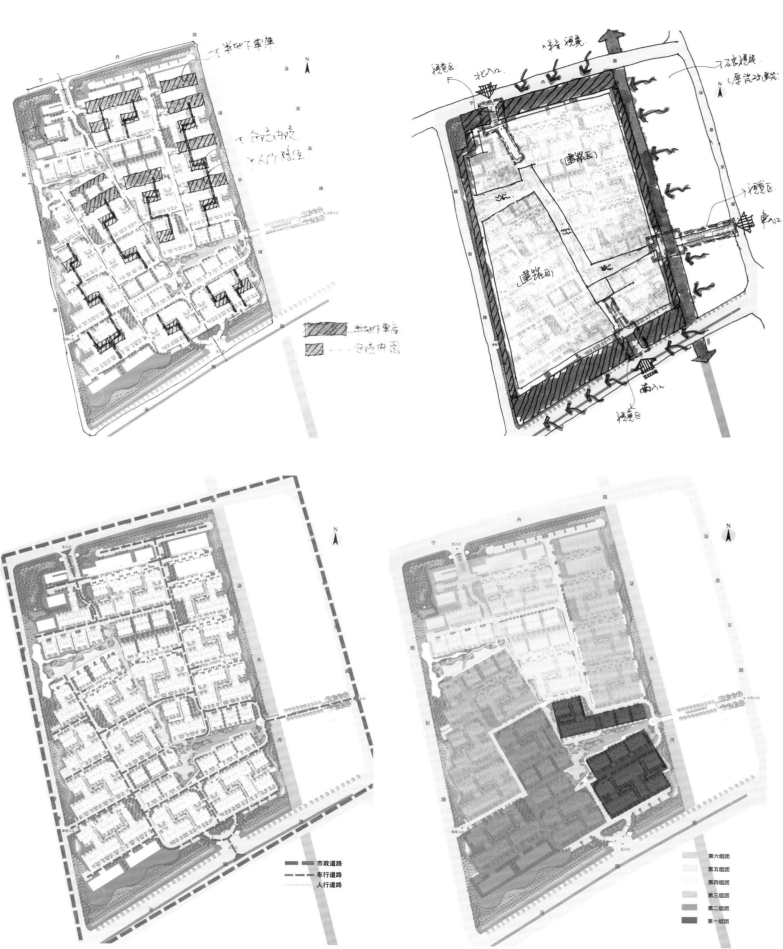

苏州德邑住宅区

项目地点：江苏省苏州市
开发商：上海茸电房地产有限公司
占地面积：99 646 m²
总建筑面积：78 170 m²
容积率：0.8
绿化率：35%

　　项目位于松江新城西部的低密度住宅区，区域板块内生活氛围成熟。项目紧邻泰晤士小镇，北面是松江大学城，东面是松江目前商业配套最为集中的区域。同时，公交可直达轨道交通9号线松江大学城站，出行便利。

　　项目采用区域内罕见的德式建筑风格，并规划独栋别墅和公寓两种产品，将容积率控制在0.8。其中，别墅产品建筑面积为230~300 m²，地下室面积达100~160 m²；公寓产品设计建筑面积为60~90 m²的小户型，大部分带有空中花园，可根据居住空间需求，加以利用。

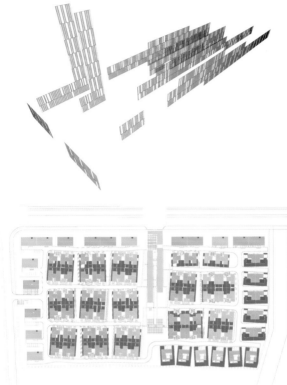

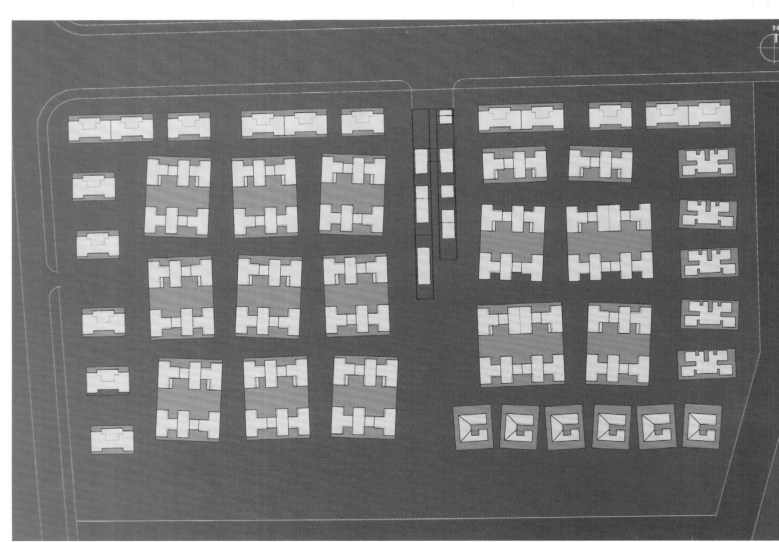

成都芙蓉古城大宅门紫微园

项目地点：四川省成都市
开发商：成都置信实业（集团）有限公司
建筑/景观设计：成都置信实业（集团）有限公司
占地面积：97 573 m²
建筑面积：74 644 m²

芙蓉古城大宅门紫微园坐落于上风上水的成都西郊国家级生态示范区——温江永宁镇，环境优美，空气清新，交通快捷，毗邻面积约47万 m²国家3A级景区芙蓉古城。紫微园距三环路仅8 km，距二环路仅12 km，成温邛、光华大道、芙蓉大道、IT大道的全面开通构成了方便快捷的立体交通网络，市区驾车仅10分钟车程。

芙蓉古城大宅门紫微园项目，是采用中国传统大宅门建筑风格与现代建筑材料相结合打造的精品高档别墅区。在环境设计中引入了皇家园林设计手法。大宅门紫微园户型以"中学为体，西学为用"为理念，空间布局均呼应现代舒居生活。地面建筑面积198~335 m²户型空间开阔大气，集豪华与实用一体；前院、后院、侧院多种庭院空间，

每户私家花园面积100~300 m²；超大开间，3.8~6.6 m层高客厅，3.3 m层高卧室，空间开阔疏朗；每户三层为独立主人私密区，超大露台花园、大天窗弥漫无限情趣；每户地下多功能厅，3 m层高，以高窗直接采光，可改造为视听室或健身室等。

项目小区临路的商业区是以颐和园苏州街为蓝本设计修建的，住宅区域规划布局生动活泼，采用错位、联排式布局，以两联排、四联排为主，环境与建筑设计都是数易其稿，堪称一流，绝大多数为南北向，采光好。楼幢之间错落有致，视野开阔，楼间距为20~40 m。紫微园整个小区动静分立，用大面积的绿化带和水系与商业区隔离开来，私密性强。

A 报春亭
B 云辉玉宇
C 主入口牌楼
D 紫微桥
E 涵碧榭
F 小筑宏岣
G 过溪亭
H 扬风亭
I 期颐天地
J 物业中心
L 盆景园
M 睡莲池
N 玉虹桥
O 金粟桥
P 后大门牌坊
Q 月溪桥
R 月拱门
S 玲珑滴水墙
T 垃圾房
U 半坡雅居
V 奇云怪峰

大理山水间

项目地点：云南省大理市
开发商：银海地产
景观设计：昆明银河景观绿化有限公司
占地面积：286 666 m²

大理山水间占地面积286 666 m²，分两期开发。产品类型丰富多样，包括独栋别墅、双拼别墅、联排别墅和度假洋房，建筑面积为90~450 m²，以满足多种置业需求。让不同年龄、不同职业、不同地域的喜爱大理的人们有机会住在同一个社区，延续大理多元的文化传统。在社区配套的情景商业区，拟引入高级餐饮配套、咖啡馆、红酒坊、SPA会所、健身房、便利店等业态，以满足业主的生活、休闲、商务接待需求，把人与生活变成景观的一部分。

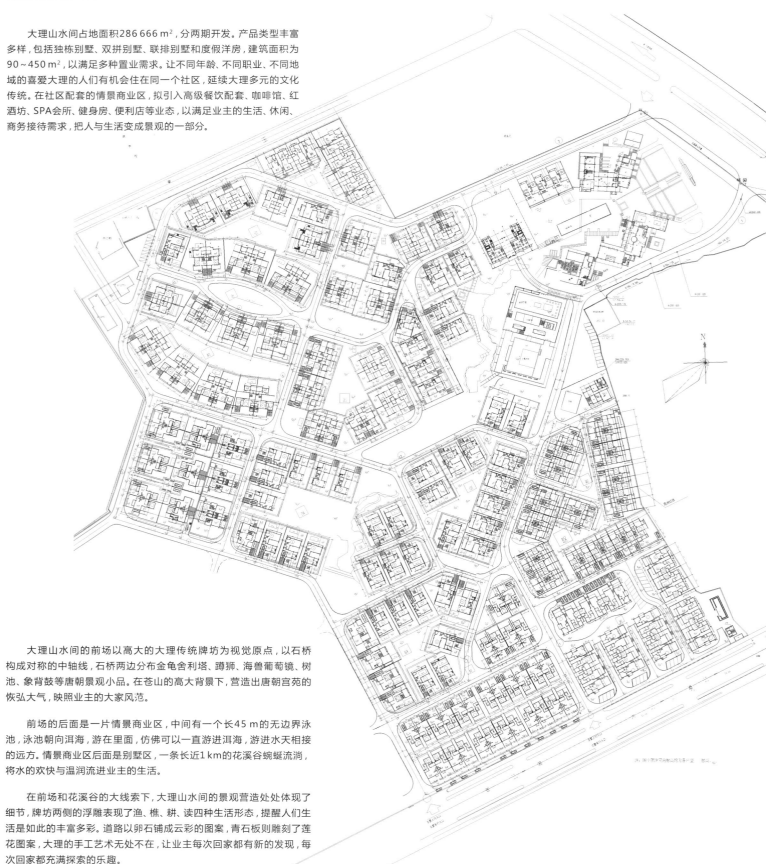

大理山水间的前场以高大的大理传统牌坊为视觉原点，以石桥构成对称的中轴线，石桥两边分布金龟舍利塔、蹲狮、海兽葡萄镜、树池、象背鼓等唐朝景观小品。在苍山的高大背景下，营造出唐朝宫苑的恢弘大气，映照业主的大家风范。

前场的后面是一片情景商业区，中间有一个长45 m的无边界泳池，泳池朝向洱海，游在里面，仿佛可以一直游进洱海，游进水天相接的远方。情景商业区后面是别墅区，一条长近1 km的花溪谷蜿蜒流淌，将水的欢快与温润流进业主的生活。

在前场和花溪谷的大线索下，大理山水间的景观营造处处体现了细节，牌坊两侧的浮雕表现了渔、樵、耕、读四种生活形态，提醒人们生活是如此的丰富多彩。道路以卵石铺成云彩的图案，青石板则雕刻了莲花图案，大理的手工艺术无处不在，让业主每次回家都有新的发现，每次回家都充满探索的乐趣。

北京皇家温莎花园居住区

项目地点：北京市朝阳区
开发商：北京怡景城房地产开发有限公司
建筑设计：C&P（喜邦）国际建筑设计公司
主设计师：樊斌、李学鹏
占地面积：21 060.8 m²
总建筑面积：16 568 m²
容积率：0.773
绿化率：30.2%

皇家温莎花园居住区位于北京市朝阳区黑庄户乡朗辛庄北路，为怡景城花园项目的一部分（第四期），规划用地面积为21060.8 m²，总建筑面积为16 568 m²。

该项目用地的南、东、北侧均与怡景城项目的前期开发项目毗邻，其西侧与规划中的朗辛庄西路及具有高密度绿化区的通惠灌渠和西排干渠相邻，同时用地西侧有7 m宽的城市绿地，南侧有30 m宽、100 m长的城市绿地。自然环境得天独厚，交通便利。

为了充分利用现有景观优势，根据地理位置的差异，项目相应地设计了不同的建筑类型。地块南侧有大面积的集中绿地，放置了品质最高的大面积户型，为其北侧的住宅留出一些视线通廊。其余因离景观较远，设计了用住宅围合的"合院"，并营造独特的内庭院景观。

小区户型设计的主要特点是在部分住宅中设计了内天井庭院，结合建筑的围合形成具有前院（停放机动车）、中庭（天井式庭院）、后院（合用庭院）的多重庭院空间，以求与自然共享空间。所有户型均有良好的朝向、通风和景观视野。

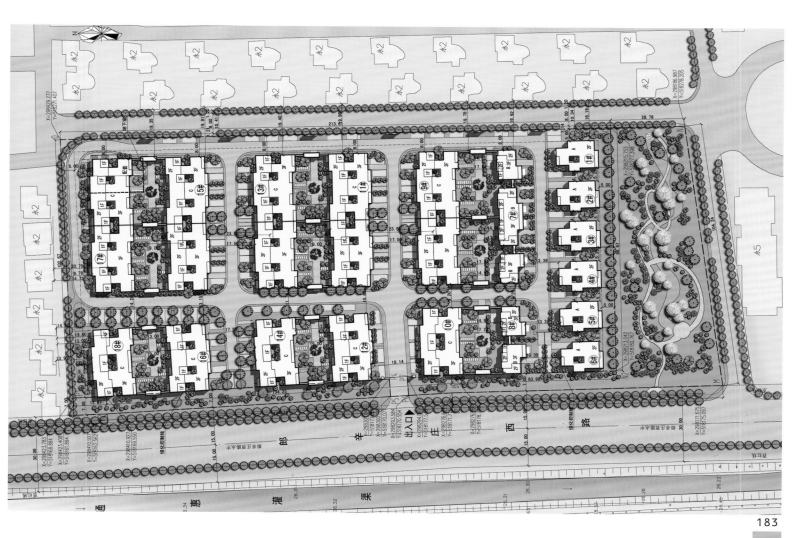

东莞市松山湖新竹苑

项目地点：广东省东莞市松山湖
开发商：松山湖房地产有限公司
建筑设计：东南大学建筑设计研究院深圳分院
占地面积：172 000 m²
总建筑面积：198 517 m²
容积率：1.0
绿化率：41.7%

东莞松山湖科技产业园区作为中国最具发展潜力的高新科技产业开发区，定位于全球500强企业总部、研发型机构、研制型企业的基地和对外经济技术合作的新载体。项目建设宗旨是为园区企业提供环境优美、配套完善、工作便利的研发、办公场所，努力打造成企业总部基地。

项目用地位于松山湖科技产业园区中心区北侧，南临新竹路及自然沟谷景区，西面为研发区，东北背靠莞深高速。项目用地总体呈北高南低，局部是小丘陵地貌特征。

项目将岭南山水画的精粹寓意与建筑的空间形态结合在一起，突出岭南民居"梳式布局"的特色。通过对虚实、疏密、轮廓、肌理、色彩以及光影的分析，将项目设计成松山湖边上一个朴实的总部小镇，各功能组团之间疏落有致，相依相生。

由于用地东北侧为莞深高速公路，有噪音干扰，所以将建筑呈东南向布置，利用建筑山墙屏蔽噪音。沿新竹路、孵化器路各开一个出入口，形成贯穿南北的轴线，并将用地一分为二。用地内东北侧保留山丘，与西南面的山体共同作为核心景观区，形成整个小镇的中心，并在总部路设置小镇的形象主入口。

根据功能的不同，用地形成四个组团。景观优美、视线开阔的南部用地是以小体量独栋销售为主的研发A区，西北部用地是灵活销售与出租的研发B区，北部靠近莞深高速的地块是以分层出租为主的研发C区，东南地块则是专家办公为主的研发D区。整个规划呈现一个中心、两条轴线、三个入口、四个组团的格局。

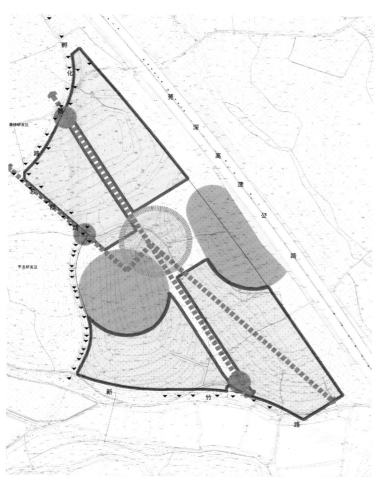

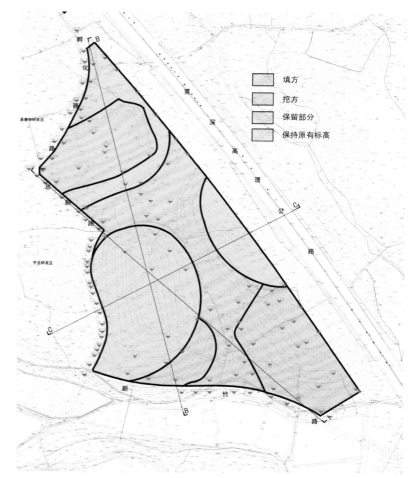

填方
挖方
保留部分
保持原有标高

昆明古滇文化商贸城

项目地点：云南省昆明市晋宁县晋城古镇
开发商：昆明华飞房地产开发经营有限公司
　　　　云南晋康房地产开发有限公司
建筑设计：昆明官房建筑设计有限公司
景观设计：云南中云园林工程有限公司
占地面积：129 340.65 m²
总建筑面积：174 248.7 m²
容积率：1.35
绿化率：40%

　　古滇文化商贸城倚山而造，傍水而建，依地脉南北延伸。鸟瞰商贸城，山脉与城接壤相靠，近抱一潭碧水，犹如一块温润的和田美玉镶嵌在昆明新南城的沃土上。建筑以滇派风格为基础，以现代的人居为设计理念，突破常规的住宅与商业的概念，创造出宜商宜居的建筑形式。

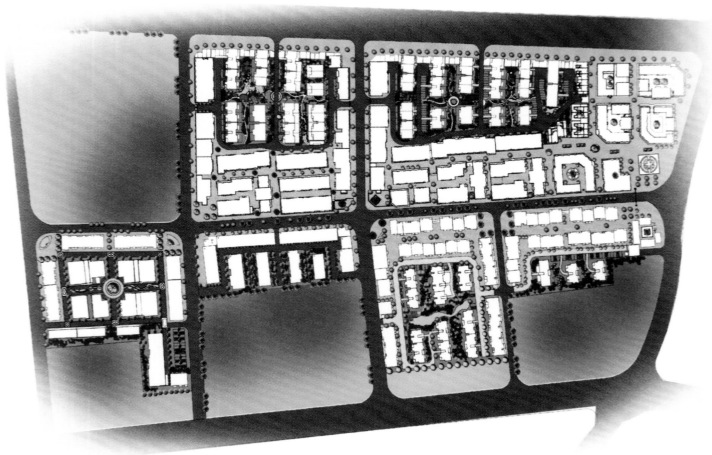

珠海金地动力港

项目地点：广东省珠海市
开发商：金地集团珠海投资有限公司
规划设计：高士尔国际（深圳）设计顾问有限公司
建筑设计：机械工业第四设计研究院珠海分院
景观设计：广州市华誉景观设计工程有限公司
占地面积：700 000 m²
总建筑面积：1 000 000 m²

　　金地动力港位于珠海市香洲区南琴路珠海洪湾商贸物流区，是以国际前沿的EOD（绿色生态办公）理念为指导，是集研发设计、服务外包、创意产业于一体化的企业集聚社区。园区总用地面积700 000 m²，总建筑面积1 000 000 m²，生活配套区建筑面积近100 000 m²。

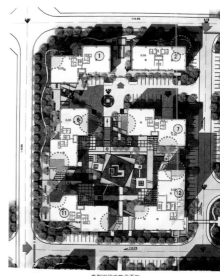

典型组团庭院平面图

苏州上谷院

项目地点：江苏省苏州市
景观设计：IDU（埃迪优）世界设计联盟
联合业务中心
占地面积：60 000 m²
景观面积：33 000 m²

　　项目的景观风格为现代与古典元素融合，古典园林要素与现代景观要素殊途同归。项目的台地地形与下沉地形相结合，配合现代缓坡草地；现代的水景造型，赋予传统的水景象征涵义。铺装以传统自然的铺装材料为主，现代铺装方式为辅；在传统的建筑空间中，运用现代的造型与材料，并点缀以古典符号；植被为古典的意象，以现代的方式围合空间。邻里院落具有四重层次，以昆曲文化意境为主体，呼应传统，丰富社区居民的文化生活。院落内通过软景营造自然的意境。

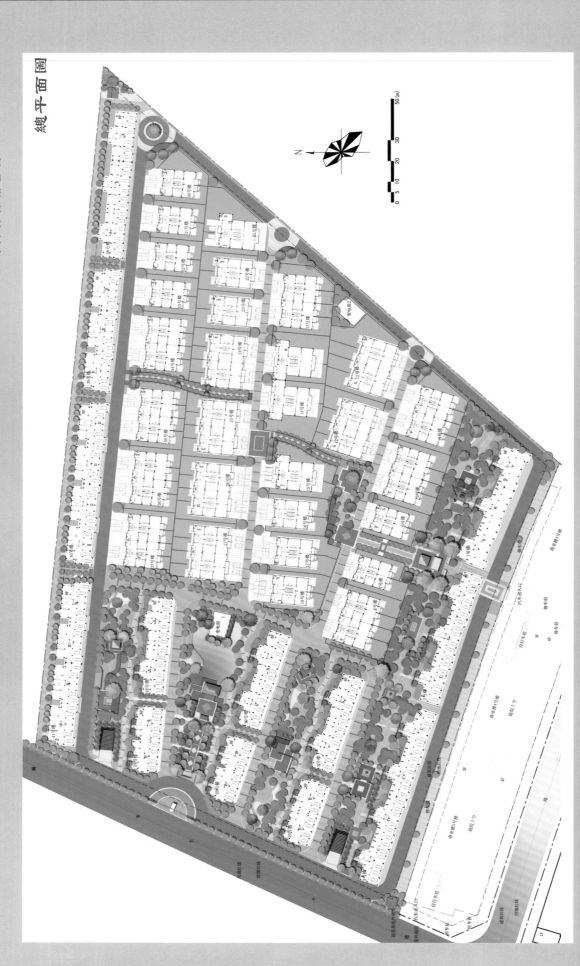

总平面图

南昌企业总部基地（A区）

项目地点：江西省南昌市
建筑设计：广州瀚华建筑设计有限公司

作为一个集群化大型总部基地，项目将形成总部集中的极化趋势，以基地为核心，辐射周边产业，以点带面。随着企业总部的聚集，人才、资本集合，区域内实现优势互补、资源共享、信息互动。总部基地本着"科技含量高、经济效益好、资源消耗低、环境污染少、人力资源优势得到充分发挥"的区域发展要求，实现建筑主体与配套统一规划的目标。

项目利用城市道路将各个区块连接，合理分布餐饮、商业、会所等服务设施和广场、水景、绿地等休闲场所，与单体的组团式分布有机结合，以可持续性、低碳办公等环保理念，让生态休闲与生态办公合理结合，形成独具特色的中央景观活力带，也成为区域内的标志性景观带。项目排列式中心绿化、点式组团绿化同带状公共绿化相结合，层次分明，分级明确，绿化主题以缓坡草坪、格状铺砌为主，简洁明快，表现总部基地的现代感、节奏感、速度感，并满足总部办公的静谧与舒畅环境要求。

南京恒辉国际花园

项目地点：江苏省南京市长江北岸
建筑设计：C&P（喜邦）国际建筑设计公司
占地面积：72 734 m²
建筑面积：116 738.5 m²

  恒辉居住小区地处南京市长江北岸，南京长江大桥北引桥西侧，小区北面为水渠，南临浦珠公路，其东端与大桥北路相连。建设规划用地面积72 734 m²，基地近似梯形，东西长335~372 m，南北宽163~262 m。基地地势平坦，交通便利，周围是正在开发的新兴居住区，附近有不少有名的楼盘，配套设施比较完善，生活氛围活跃。

  住宅立面设计采用现代与传统相结合的手法，突出居住建筑的亲切感。宽敞明亮的大玻璃窗与侧面山墙的开孔处理具有时代特点，而浅色的墙身、灰蓝色的斜坡顶又体现了对江南地区传统民居的尊重。面向中低收入的社会阶层，以每套建筑面积110 m²以内的为主导户型，创造经济、合理、舒适、精致的住宅空间。

  本规划设计方案最大的特点是水景，利用环绕小区中心的一条溪流将山（人工小山）、水、树、物等环境因素联系起来，形成有机的整体生态环境和人工山水景观。与靠山依水的金陵名城有山（紫金山）、有水（长江）、有湖（玄武湖）的自然生态特色相呼应。这条几乎户户都能看见的溪流成为小区园林风景的精华所在。

临沂郯城小区

项目地点：山东省临沂市郯城县城东北部
开发商：郯城永利置业有限公司

郯城小区位于郯城城市中心偏东北角，北依北外环，南靠文化路，东靠富民路万亩板栗园，西依窑上干渠自然水系。小区由小高层、复式、多层构成，可容纳二千余户入住。小区内配有面积为1万 m²的中央花园，2 000 m²的豪华星级会所，3万 m²的主题商业街，是郯城目前配套最全、建筑面积最大、生活环境最高档的小区。项目采用国际花园社区的理念进行规划布局，引入了具有强烈人文气息与诗意情趣的新古典主义的建筑风格。

北京大兴翡翠苑（四期）

项目地点：北京市大兴区
开发商：北京华润曙光房地产开发有限公司
规划/建筑设计：北京中联环建文建筑设计
有限公司
总建筑面积：134 142 m²

北京大兴翡翠苑（四期）位于北京
市大兴区黄村卫星城北部。用地北侧为
金星路，南侧为北程庄南路，西侧为兴盛
路，东侧为兴业大街。项目定位为以联排
住宅及多层住宅为主，配套设施齐全的
低密度精品社区。

小区内设计了48栋住宅楼，1栋公
建。其中联排住宅（3层）34栋，多层住
宅（5～6层）9栋，中高层住宅（8～9层）
5栋。方案采取自由灵活的布局方式，楼
栋随着曲线型的道路错落排布，疏密相
间，长短有致，创造出一种步移景异的空
间效果。

用地内拥有为数不少的高大树木，
形成一个天然的景观带，因而在建筑布
局时尽可能地避开原有的树木，充分利
用原生树木的自然景观创造一个清新自
然的居住环境。

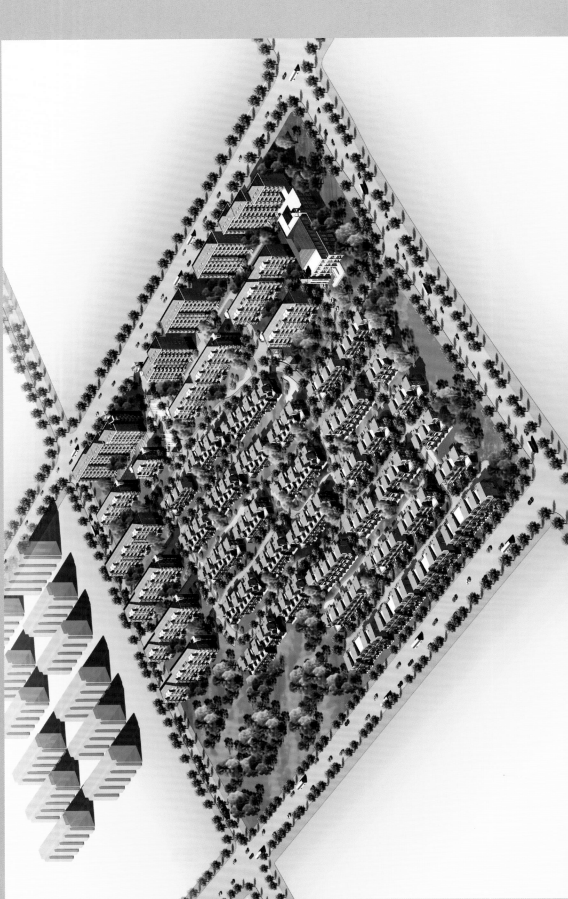

昆山中城竹源居

项目地点：江苏省昆山市
建筑设计：福建清华建筑设计院有限公司
A、B区占地面积：237 588 m²
A、B区总建筑面积：366 000.16 m²

　　项目分八个区，计划4~5年建成。其中一期包括联排别墅、多层、高层（2~25层）、附着式地下车库；四期包括六幢15层高无装修的住宅楼，一幢3层高的幼儿园。

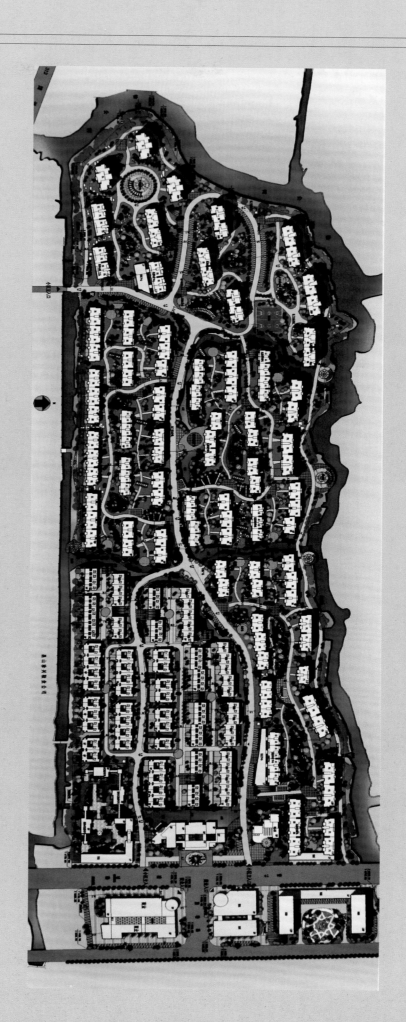

广德中央乐城

项目地点：安徽省广德县
开发商：广德红蜻蜓房地产开发有限公司
景观设计：美国EDSK易顿国际设计集团有限公司
主设计师：廖石荣
总建筑面积：133 200 m²

　　项目位于广德县城广阳路、城东大道、团结路、无量溪路围合范围内，交通便捷，地势平坦，位置优越，是市民理想的安居场所。

　　现代城市工业的快速发展推动了社会的长足进步，同时也给城市居民带来了尘嚣和纷扰，人们开始渴望倾听自然，渴望回归自然。"以人为本、天人合一"，是此次案例中体现的宗旨。设计师科学地运用多种现代艺术处理手法，巧妙地将钢筋混凝土楼板及道路融化到一个晴空、绿地、多样物种并存的优质的生态栖息环境之中。在这里，设计师不只是单纯地造型或进行气氛的营造，同时，让建筑与周围的环境结合并相融合，从而使居住者产生新的生活方式与灵感。

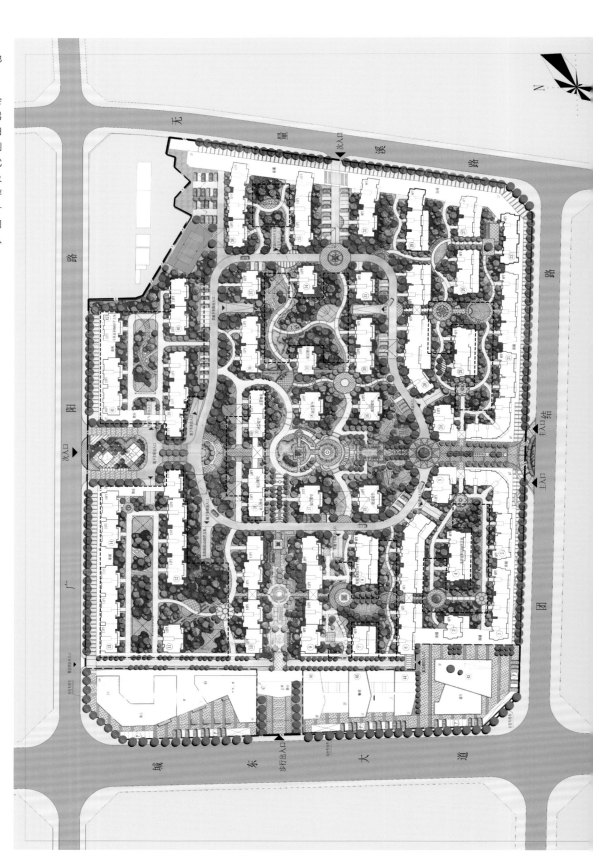

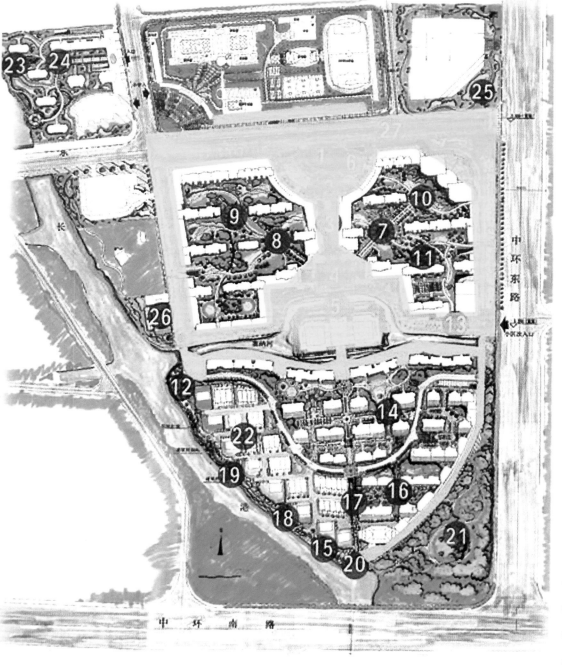

1 · 希望喷泉广场
2 · 梦幻舞台
3 · 香榭丽舍大道
4 · 协和广场
5 · 新凯旋门.星光桥
6 · 尖方碑灯柱
7 · 凡尔赛花园之缀花草坪
8 · 爱丽舍花园莫奈之睡莲印象
9 · 五彩休闲区
10 · 密林叠泉
11 · 跳动的音符花园
12 · 滨水绿廊
13 · 塞纳河畔
14 · 杜乐丽花园
15 · 河岸木栈道
16 · 雅绿花园
17 · 圣马丁河
18 · 生态木栈桥
19 · 四季花卉广场
20 · 水景飞马雕塑
21 · 密林草地之城市绿肺
22 · 枫丹白露
23 · 卢浮花园之景桥流水
24 · 法式雕塑喷泉
25 · 夏乐宫花园私家庭院
26 · 网球运动场所
27 · 巴黎大道

原阳城市规划

项目地点：河南省原阳县
建筑设计：河南省城乡建筑设计院

　　项目用地规整，城市交通道路将地块分为四部分。东侧面积较大，主要布置小高层和高层洋房。水景在社区内蜿蜒，形成优美的景观。楼距较宽，适宜种植高大的乔木作绿化。西北侧用地主要布置社区的配套设施和社区广场。地块的每部分均有独立的出入口，且与城市交通道路连接，方便了出入。

惠州珠江东岸

项目地点：广东省惠州市
开发商：惠州市深惠珠江房地产开发有限公司
建筑设计：广东珠江建筑设计公司
占地面积：339 239 m²
建筑面积：241 855 m²

　　珠江东岸位于惠州市大亚湾"五区一岸线"城市规划的西区，西部与深圳龙岗区接壤，地处深汕高速的淡水出口处，邻近惠深沿海高速大亚湾出口处，地铁3号线延长段经深圳龙岗中心城区直达项目位置。珠江东岸距龙岗20分钟车程，距深圳市区50分钟车程，距惠州市中心区40分钟车程，距惠阳中心区仅10分钟车程，距大亚湾海滨度假区30分钟车程。项目总占地面积61万 m²，分多期开发，规划建设别墅总容量为1 000余套的纯别墅生态园区。

　　整个项目分为三期开发，其中一期占地面积23万 m²，容积率0.55，共有429套，所有单元均为别墅，户户设计有SPA房，全部精装修交房，配有1万 m²的会所。二期占地15万 m²，容积率2.8，绿化率30%，共有住户400多户，产品包括300多套建筑面积为257、265 m²联排别墅及100套建筑面积为336、356 m²双拼别墅。

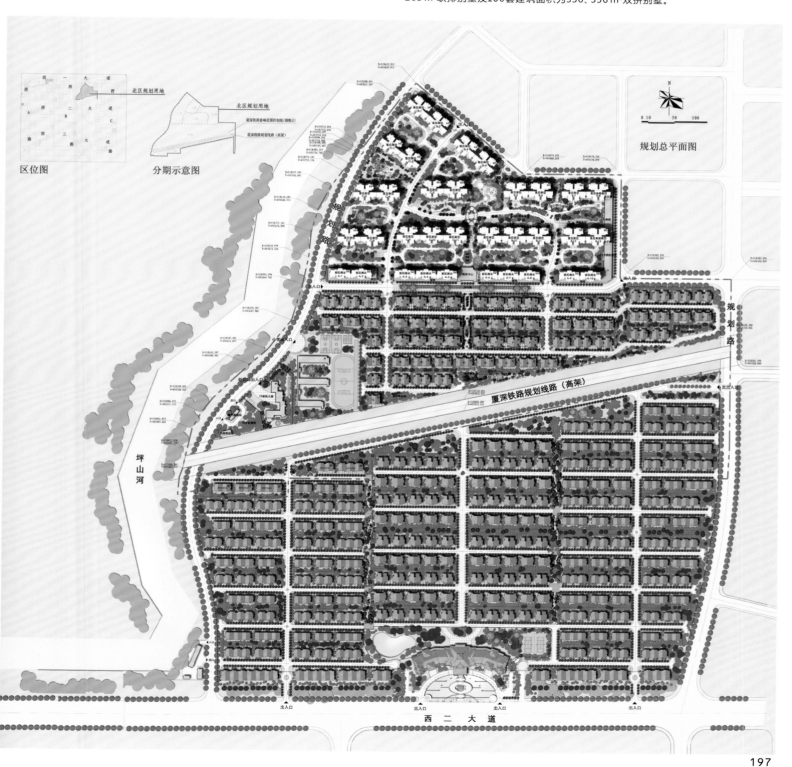

区位图　　分期示意图　　规划总平面图

上海香岛别墅

项目地点：上海市
开发商：上海置业
建筑设计：上海天华建筑有限公司
占地规模：96 842 m²
总建筑面积：116 210 m²
容积率：1.2
绿化率：35%

　　项目地处在罗店新镇的边缘，周边集中了以北欧风格为主体的已建或在建项目。总体布局南大片为低，北靠边为高，低层建筑为主景，高层建筑为背景，相互映衬。以A、B地块间的规划水系及会所周边的景观为风貌起点，结合地形，采用跌水的设计，力求还原那原汁原味的托斯卡纳风情。

　　在合院别墅的设计中，设计师采用了似连非连的设计手法，使得每一栋合院别墅的整体形象呈现独栋别墅的立面风貌，提升了合院别墅的居住感受。而在叠加别墅的设计中，则有意将单元顶部分离，形成很强的独门独户的形象。由于低层别墅占了项目地块南向主体空间，高层单元居北，故而高层单元在越过低层别墅之后视野就异常开阔且毫无遮挡。

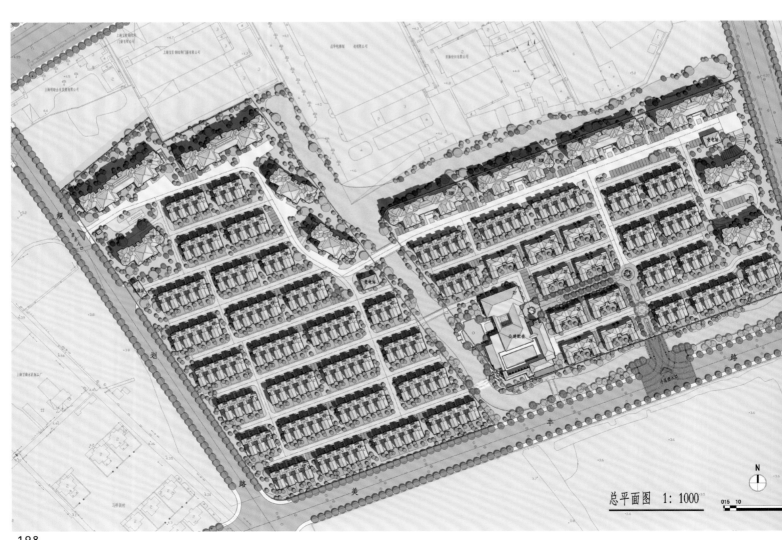

总平面图 1：1000

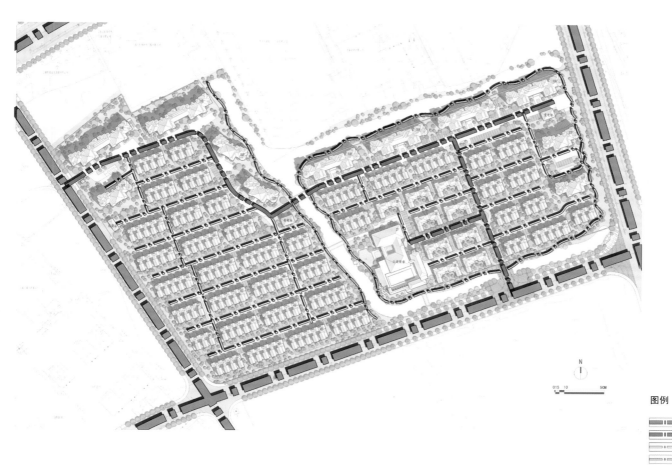

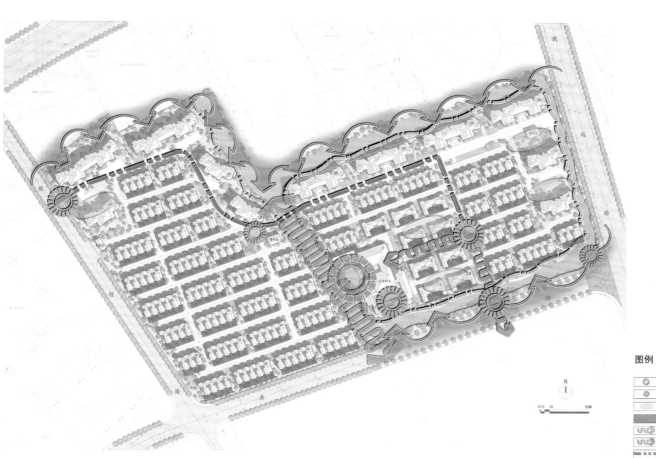

LOW-DENSITY RESIDENTIAL BUILDING

低密度住宅

Integration
综合   202-239

北京天鹅堡

项目地点：北京亦庄经济技术开发区
开发商：北京嘉禾远东置业有限公司　京奥港地产
建筑/景观设计：北京清润国际建筑设计研究有限公司
占地面积：250 000 m²
建筑面积：170 000 m²

天鹅堡别墅区位于亦庄经济技术开发区内，南邻六环路，东接京津塘高速公路，交通便捷。该项目紧邻凉水河，自然景观条件优越。它低调地把喧嚣拒绝在外，成就了都市中稀有的田园意境。项目一期为欧式独栋别墅，设计风格高贵，成为古典主义别墅中的代表作。二期建筑风格为一期欧式古典独栋的演变，并向联排别墅过渡，相邻建筑立面既协调又存在一定差异。"一户一景，自然和谐"是二期建筑设计的精髓。它追求的是一种不经意的气质流露而不是堆砌与造作，也不是对某种风格的刻意追逐。

立面设计以每户为设计单元，丰富的建筑立面突显其个性，而非简单的拷贝，从而增加了住户的归属感、可识别感和标志感，做到了"给住户一个真正属于自己的家"。因此建筑立面设计立足于"个性"，着力避免形式单一，仔细推敲各个立面要素，结合坡屋顶，厚重的自然材料，如石、木等，以追求"每户独特"的个性。每个单元的开窗方式、阳台与露台以及户外平台门廊的设置、尺度的精心推敲及空间组织，既能使各空间充分相隔，又保留私密性。无论色彩、建筑元素还是建造工艺，处处渗透精工之美。建筑强调与自然的和谐，通过屋顶的变化、廊架的张力、精致的门窗装饰、墙体材质的运用、恰到好处的墙面分隔，彰显了建筑和谐与稳重的地位感，同时朴实的材料与颜色又让它不失去的温馨与平和，令人真正感受到建筑的价值。

天鹅堡别墅区景观在延续样板区风格特色的基础上，尽量控制造价，做到点、线、面相结合、相互渗透交织的综合景观体系。样板区与建筑风格相协调，利用典雅的铺装、欧式特色小品、错落的植物群落，营造一个宜人的理想家园。关键视线点是用植物及小品作点缀，考虑对景的效果。花卉布置符合售楼时令，永久与临时相结合。同时利用城市绿化带与小区衔接的一部分打造出步移景异、引人入胜的看房景观。

惠州金海湾阳光假日

项目地点：广东省惠州市
开发商：金融街惠州置业有限公司
建筑设计：英国阿特金斯
景观设计：美国EDSA集团
占地面积：24 000 000 m²
建筑面积：30 000 000 m²

　　惠州金海湾位于惠州巽寮旅游度假区——国家4A级景区，项目总体由阿特金斯规划，分北、中和南三个片区开发，预计开发周期8~10年，立志打造成中国最有影响力滨海项目。金海湾项目为金融街在南方最大项目，拥有媲美三亚的滨海资源，16 km原生态海岸线，11 km白金沙滩，4万 m²红树林，7山8湾18景，99个大大小小的洲岛等自然景观；这里有浓郁的文化底蕴，拥有摩崖石刻30多处，千姿百态的磨子石，有文人留下的"日暖凤池"，并背靠中国唯一的海龟自然保护区，且能享受海滨温泉。

　　金海湾阳光假日位于金海湾中区，天后宫东面，享受天后宫商业配套，沙滩近在咫尺。项目分二期开发，一期11栋，1栋高层，其余为洋房或多层。建筑分布中充分考虑海景视野的变化，退台式设计最大程度享受海景资源。针对养生独特的设计理念，营造家庭式度假氛围，后期还将规划建设社区医院等。

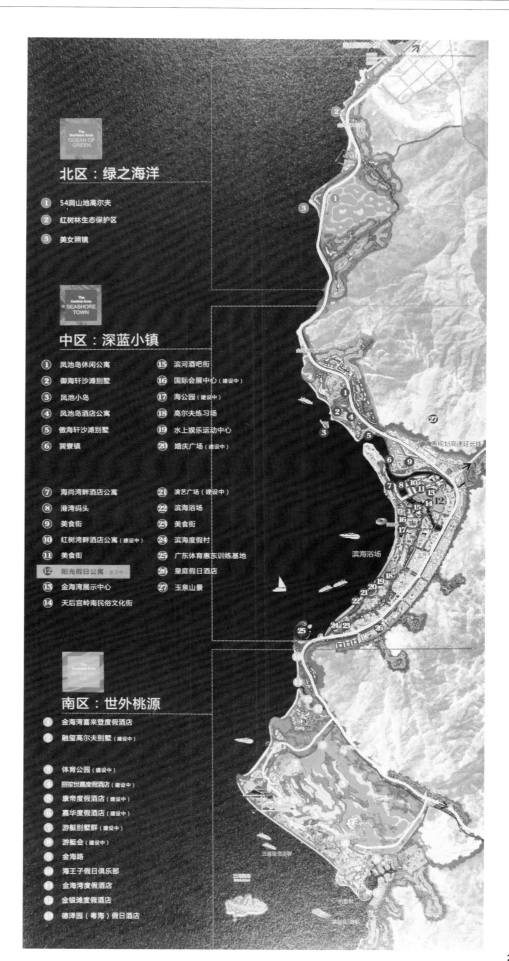

常州九洲豪廷苑

项目地点：江苏省常州市武进区
开发商：江苏九洲投资集团有限公司
景观设计：美国EDSK易顿国际设计集团
（中国）有限公司
主设计师：廖石荣、孙立辉、何鑫、王航东、
蔡丹华、陈玮
占地面积：218 000 m²

九洲豪廷苑项目位于常州市武进区西南部，与面积为2 666 666 m²的淹城森林公园隔路相望，东临80 m宽的淹城南路，北临60 m宽的沿政西路。项目距武进区行政中心约3分钟车程，距武进区商业中心约6分钟车程，距常州市主城约20分钟车程，地理位置优越，交通十分便捷。

"以人为本、天人合一"，是此案例中体现的宗旨。设计师科学地运用多种现代艺术处理手法，巧妙地将建筑及道路融入到一个有晴空、绿地、多样物种并存的优质生态栖息环境之中。在这里，设计师不是单纯地造型或营造气氛，而是让建筑与周围的环境结合并相融，从而使居住者产生新的生活方式与灵感。

项目景观格局为一个中心景观和四个主题景观，同时方案注重绿脉、文脉、人脉的结合，并融功能、景观、文化于一体，在塑造园林景观的同时提倡包容性，即建筑与园林景观连成一体，让建筑自然地从环境中生长出来，以创造一种"横向一体化"的立体自然空间。项目将北欧的元素融于整个园林环境中，着重体现景观的生态化、自然化、人性化、主题化，让人步入其中仿若漫步于神秘的异域国度中，尽情享受古典主义的浪漫风情。

都江堰芙蓉青城

项目地点：四川省都江堰市
开发商：成都青城置信房地产开发有限公司
建筑设计：四川现代建筑设计有限公司
占地面积：69 515 m²
建筑面积：45 247 m²

项目位于四川都江堰市青城山前山门牌坊东南侧约800 m，紧邻省道106线，交通十分便捷。距离成都约66 km，相当于50分钟左右车程。置信芙蓉青城是成都置信，携八年"芙蓉古城"中式高端别墅经验，选址青城山，续写"芙蓉"系的新篇章。芙蓉青城包括A、B两区，A区八大山房，每户占地面积2 000 m²~3 330 m²，建筑面积约1 000 m²的私家园林住宅，源于中国著名古典私家园林以及晋商、徽商等传统官商世家大院；B区占地面积约7万 m²，包括联排mini别墅、水景独院别墅和望山独院别墅。

项目引水入园为湖，最宽可达10 m多的环湖，将岛上独院别墅形成相对独立的状态，确保最佳私密性和尊贵感。近以湖岛为背景，远以青城山为借景，居住自豪感和舒适度不言而喻。新古典主义建筑风格，将中式元素融入其中，以现代材料与构造方式营造传统的空间意境与场景，深化中国传统宅院的气质，前庭后院的生活方式，创造具有中式文化内涵、现代流线型别墅生活的高值空间。在户户独立的庭院花园里，随心摆布山石水景，种植各色植物，即可营造清新雅典远离世俗的自我小天地。

深圳宝安中心区 N5E 地块

项目地点：广东省深圳市宝安区
建筑设计：华森建筑与工程设计顾问有限公司
占地面积：144 999.52 m²
总建筑面积：86 005.3 m²

　　项目用地位于深圳宝安中心区，地块方整，东北侧是兴华路，东南侧为罗田路，西南侧是规划路。小区内水系曲折分布，形成良好的景观，同时也自然地分隔了建筑。会所和幼儿园等配套设施布置在东北侧临兴华路的入口处。

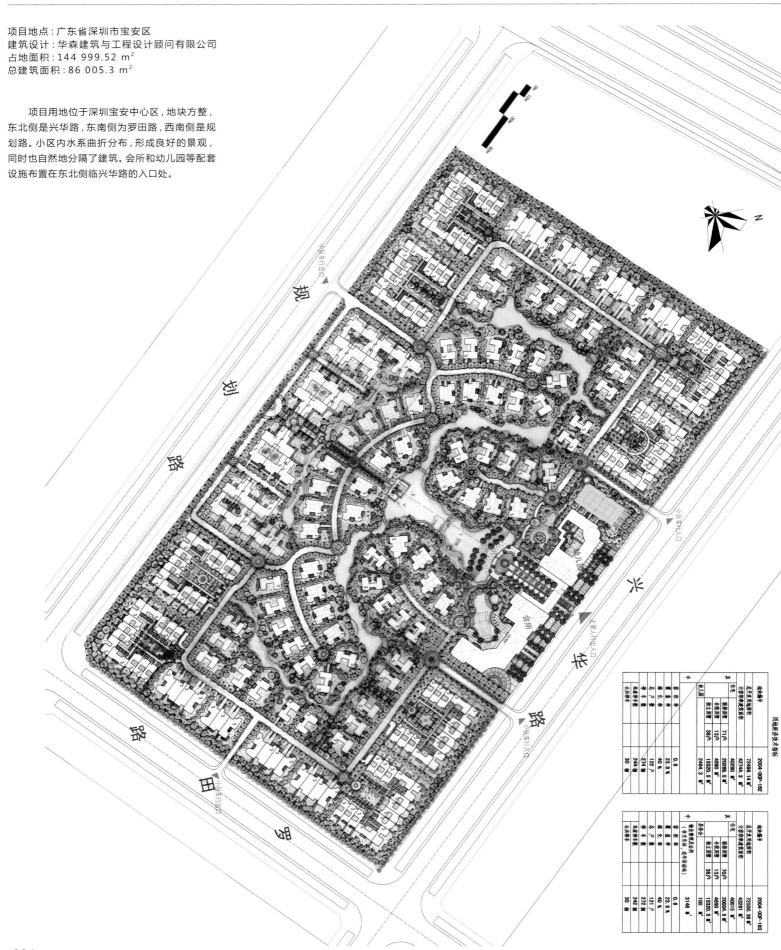

鹤山十里方圆

项目地点：广东省鹤山市大雁山风景区
开发商：鹤山市方圆房地产发展有限公司
建筑设计：深圳市筑博工程设计有限公司
规划设计：罗麦庄马香港有限公司（RMJM）
景观设计：ECOLAND易兰（亚洲）规划设计公司
占地面积：2 000 000 m²
总建筑面积：2 000 000 m²
容积率：0.55
绿化率：56.1%

　　十里方圆项目位于鹤山市大雁山风景区山麓，规划住人口约5万人。整个项目将会建设成一个由湖岸大宅、湖景大宅、园景大宅、庭院大宅、院落大宅、叠院大宅、情景洋房、小高层洋房等高尚住宅群，以及休闲商业街、五星级度假酒店、会所、岭南国学院、鹤山实验中学、生态体育公园等公共设施共同组成的纯生态高端山水生活之城。项目共分四期开发，计划于2015年开发完成。首期开发建筑面积近28万 m²，容积率低达0.55，绿地率56.1%。

　　十里方圆依托周边良好的山水自然景观资源，以山水田园诗的诗境和中国山水画的意境作为总体规划主旨，为社区园林打造山环水绕的纯中式景观。在浓郁的东方人文底蕴中创造出"新东方田园牧歌"的理想人居环境，并将现代东方文化、环保节能科技等要素融入到产品之中，创新性地实现东方人心中"离尘不离市"的理想人居。

　　十里方圆是在"东方人居智慧"理念下的一次全新探索，在继承东方人居精髓的同时，集十年东方人居智慧之大成。设计者不仅关注社区内部自然、人文生态的建设，而且拓展到整个区域以及社会层面上整体把握，并大胆地借鉴中国经典村镇风格、融合西方生态休闲观，结合现代人居需求，创新性地提出了一个东方人居的整体解决方案。以丰盛、美满、生态、祥和的新东方山居小镇，奉献给东方人的梦中理想桃源。

苏州现代园墅

项目地点：江苏省苏州市
开发商：苏州上投置业有限公司
建筑设计：上海三益建筑设计有限公司
占地面积：285 121 m²
建筑面积：263 324 m²

现代园墅东临苏州友新路，北通越湖路，西依小石湖风景区，南临小石湖路。其中友新路和越湖路是主要的交通干道，友新路北，连通西环、南环、东环及市区，乘车约十分钟可达市中心。南面连接绕城高速和苏震桃公路，可直达南京、上海及杭州等城市，交通十分方便。

现代园墅的设计采用了新亚洲主义的建筑风格，是中西文化与古今文化相碰撞的结晶，突出临水而立的自然美墅和国际现代的高尚气质。住宅单体的外墙采用极富装饰效果的仿石面砖、灰赭石色面砖和高级外墙涂料，屋面采用灰色水泥瓦，露台装饰棕色木构架，外窗设各种不同样式的窗套、木百叶等建筑装饰构件元素，塑造风格统一而又各具特色的住宅单体造型。

除了户型上的独特设计和建筑风格上的特色，苏州现代园墅的社区商业设计也颇具可看性。项目内含的社区商业及会所，主要以商业服务、休闲、文化、健身为主。社区会所作为项目的其中一项景观建筑，被设置于地块中心的中央景观轴线的西侧——一个属于小区主入口的位置。这样的安排，除了美观上的考虑，更是对业主的使用最大限度地提供了便利。

富有宁静、浪漫的社区观感，遵从和谐、共融的社区概念，极具怡然、休闲的社区功能。——以此为定位的苏州现代园墅项目，在设计上，汲取了苏州园林建筑与江南传统民居的精髓，并融西方功能的精髓于一身，在小石湖畔打造了一道独特的风景线。

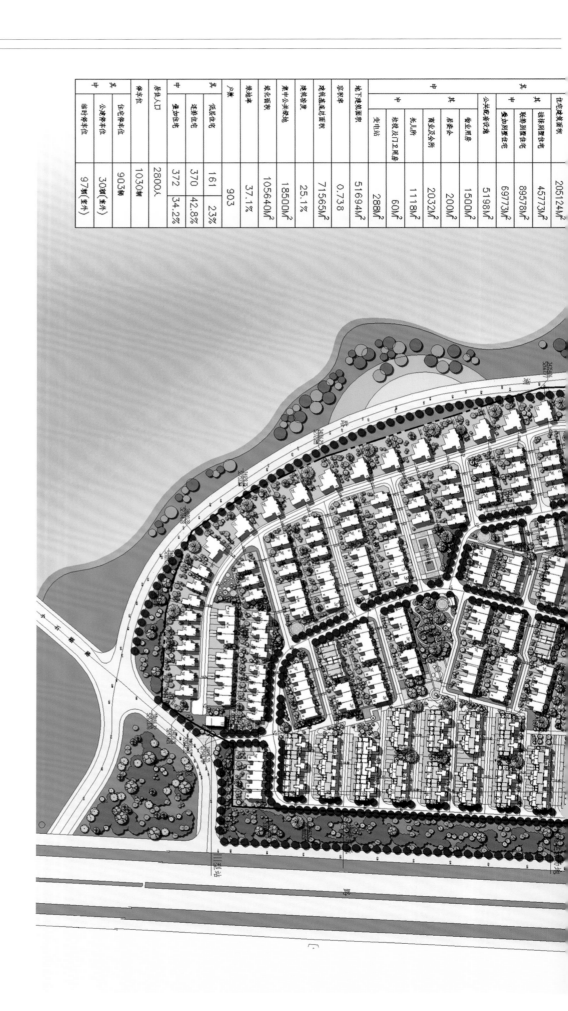

			其中	住宅建筑面积	205124M²
			其中	绿地别墅型住宅	45773M²
				低密度别墅型住宅	89578M²
				公共及商业设施	69773M²
			其中	物业用房	51980M²
				会所	1500M²
				商业及门卫2卫用房	200M²
				托儿所	2032M²
				幼儿园	1118M²
				变电站	60M²
				地下建筑面积	288M²
			绿化面积		18500M²
			建筑总面积		105640M²
			建筑基底总面积		25.1%
			建筑密度		71565M²
			容积率		0.738
			地下建筑面积		51694M²
			绿地率		37.1%
			户数		903
			居住人口		2800人
			停车位		1030辆
			其中	小汽车停车位	903辆
			其中	多层住宅	372 34.2%
				连排住宅	370 42.8%
				低层住宅	161 23%
			住宅停车位		30辆(室外)
			其中	临时停车位	97辆(室外)

嘉兴格林小镇

项目地点：浙江省嘉兴市中环南路双溪路口
开发商：嘉兴市格林置业有限公司
建筑设计：UDG联创国际
用地面积：133 036 m²
建筑面积：184 920 m²
容积率：1.39
绿化率：40%

　　嘉兴格林小镇居住区的设计把建筑空间与景观设计融为一体，尤其是在公共户外空间、商业购物空间的设计中，本着以"人"为"本"，以"活动"为中心的态度追求居住、商业、绿化空间之间的互动，使各型住宅社区、文化娱乐区、自然生态区各类户外休闲娱乐空间结合在一起，利用景观设计增加商业价值。真正考虑和解决城市开放空间的趣味性和经济性。

　　设计中充分考虑规划结构、景观及建筑风格的个性塑造、居住模式与环境的可持续性发展及用地开发、建设、建筑使用上的经济性。分析基地的特点：三面临城市道路，用地地形大致呈长方形，综合考虑环境、住宅的朝向及开发的经济性。小镇内道路骨架呈网格状。住宅呈线性组团布局，北侧沿河及西侧沿八号路布置小高层，中部西侧和南侧沿一号路、东侧沿双溪路布置5~6层多层住宅，以6层为主。中部沿景观水系两侧布置3层的联排别墅，小镇空间形态西北高而东南低，立面层次错落，丰富街景。同时有利于在炎热的夏季引入温暖湿润的东南风，在寒冷的冬季挡住寒冷的西北风。

　　小镇三面与城市道路相接，考虑小区与城市道路的关系及小区整体形象及品质，于西侧八号路中部设置步行街主入口，靠八号路北端及南侧一号路设车行出入口，沿东侧双溪路中部设次出入口（以人行为主）。

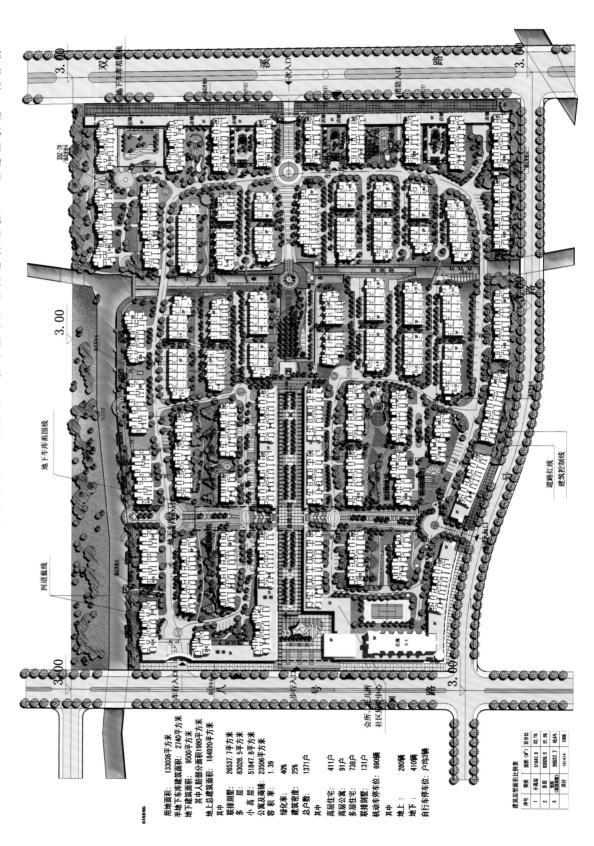

总平面图

212

镇江风景城市

项目地点：江苏省镇江市
建筑设计：澳大利亚柏涛（墨尔本）建筑设计公司
占地面积：31 926 m²
总建筑面积：205 095 m²
容积率：1.20
绿化率：40.3%

基地位于江苏省镇江市西南部的丹徒新区，规划中处于丹徒新区的中心位置，距镇江市区约8 km。其北临新区的主要干道谷阳大道，西侧是西环路，东南为西簏水库，东侧靠近新区的政治文化商业中心。基地基本为丘陵缓坡地带，地势有一定的起伏，基地内有泄洪渠道通过，基地周边现为农田。基地的西北向为十里长山，北向为马鞍山和南山，自然景观资源丰富，空气清新，环境宜人。

鉴于项目周边地区发展尚未成熟，此次规划以"新城市主义"为理念，创造一个具有异城风情的情境新城镇，尊重并保护场地特征，重视邻里关系建设，优先考虑公共空间，具有低开发成本并尊重传统建筑风格。

规划强调尊重自然与塑造场地的均衡，以使自然、人文、技术、成本得到和谐统一。保留并改造原有河道，在保留自然状态的同时兼顾成本控制，打造人文滨水空间，形成自然与人文的平等对话，营造新型滨水城市生活；保留原有起伏地势，整合场地标高，形成多个台地。并依据各自基地特征布置不同的居住组团类型。

由滨水低层向沿街高层扩展，形成错落有致的空间形态。在亲近自然的同时重点塑造城市形象，形成丰富的城市天际线。结合华山路的宜人尺度设置商业街区，打造复合轴线，展示成熟的社区景象。保持社区与城市的友好界面，使住区空间成为城市空间的延续，城市空间成为居住空间的拓展。

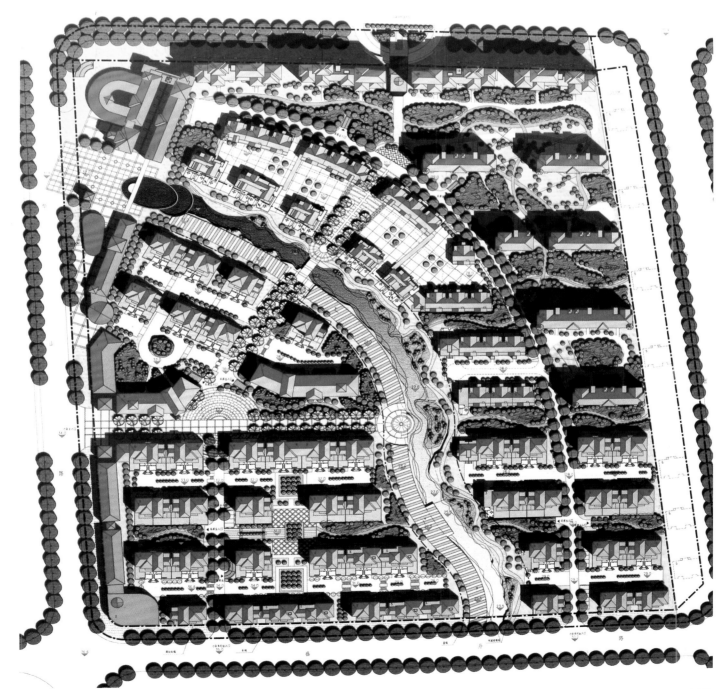

廊坊孔雀城（三期）

项目地点：河北省廊坊市
建筑设计：北京翰时国际建筑设计咨询有限公司
主设计师：余立、张广亮、林载舞
占地面积：271 500 m²
总建筑面积：361 563 m²
容积率：1.1
绿化率：30%

该项目位于永定河与106国道交点西南，总占地面积为271 500 m²。规划设计定义为魅力小镇，整体的建筑风格延续了一、二期的南加州风格，是一、二期田园别墅与城市的过渡。立面设计清爽、明快，有层次的叠落露台，提供观景平台，使建筑内外的景观相互融合，为业主营造一种自由、休闲的小镇生活。规划整体布局借鉴欧洲小镇住宅的形式。围合的组团空间成为小镇空间的基本单元。庭院理念设计的营造既保持传统文化又独具西方舒适的生活氛围，并通过建筑体量围合出相对私密的尺度及宜人的组团院落。

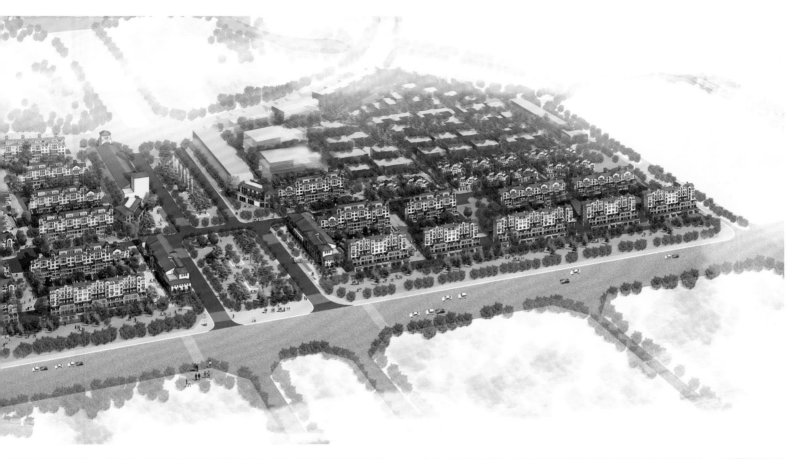

户型分布图

北京首开·常青藤

项目地点：北京市
开发商：北京首都开发股份有限公司首开志信分公司
规划/建筑设计：加拿大BDCL设计公司
景观设计：加拿大BDCL设计公司
中国建筑北京设计研究院有限公司

　　北京首开·常青藤紧邻东五环，良好的交通网络将东坝居住组团与CBD、东二环（国家支柱产业带）、燕莎、望京丽都及首都机场临空经济带五大商圈有机地连接，使之处于五大商圈的中心区位，是东部产业带重要居住功能的核心区域之一。项目北侧为政府规划的东坝北区高端商务休闲区。

　　项目将现代简约的艺术风格融入建筑设计理念之中，体现年轻、时尚、国际化的社区特点。主力产品是规划合理的建筑面积为90 m²的小三居。宜人的居住尺度、小院、露台、地下空间等丰富灵动的空间，充分满足了各年龄段人群的品质需求。

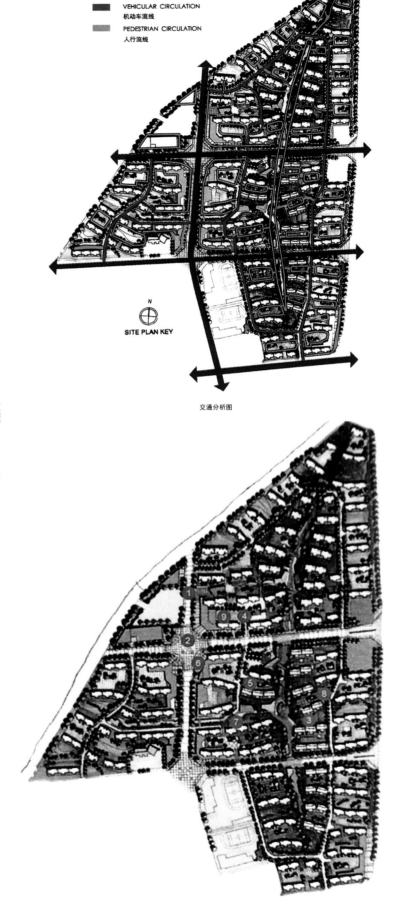

CITY PLANNING CIRCULATION
市政规划路
VEHICULAR CIRCULATION
机动车流线
PEDESTRIAN CIRCULATION
人行流线

N
SITE PLAN KEY

交通分析图

HALF--PRIVATE GARDEN COURTS
半私密空间
SLOPING FIELD
坡地
LANDSCAPE FREE ARRAY
景观树阵

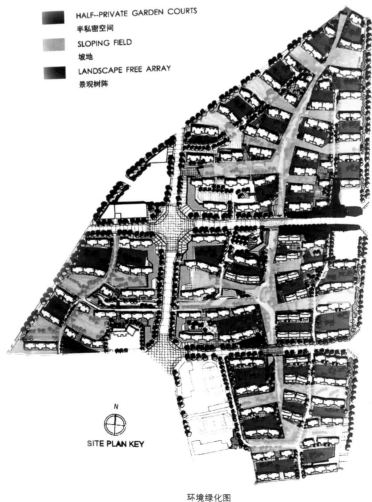

N
SITE PLAN KEY

环境绿化图

成都蓝光和骏·香瑞湖花园

项目地点：四川省成都市
开发商：四川蓝光和骏实业股份有限公司
建筑设计：ANS国际建筑设计与顾问有限公司
占地面积：120 000 m²
总建筑面积：224 500 m²

项目是集高层住宅、多层洋房配套及商业服务设施于一体的综合住宅区，主要有两个分区，一个是高层居住区，另一个是多层洋房区。在规划上将高层住宅与多层洋房分区设置，独立管理。同时相同的建筑风格与公共社区空间又使得这两个分区成为一个整体。

高层住宅区与多层洋房区之间设有带状中心绿地，既作为高层住宅的景观和活动场地，又有效地隔离了两个不同居住产品之间的干扰。

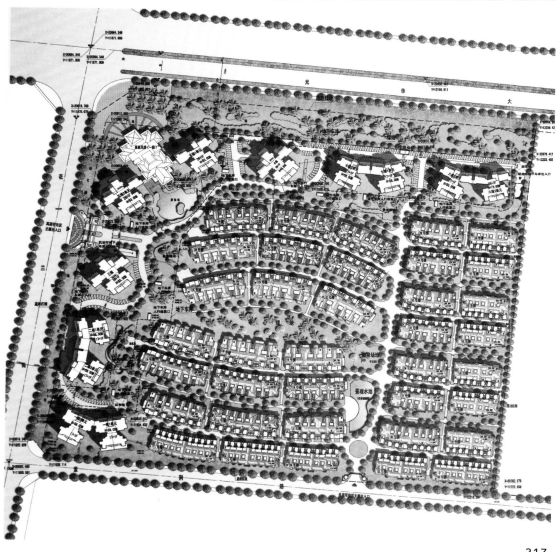

深圳大综艺中央悦城

项目地点：广东省深圳市龙岗区
开发商：深圳市大综艺房地产开发有限公司
建筑设计：美国博万建筑与城市规划设计有限公司
深圳市博万建筑设计事务所
占地面积：97 000 m²
总建筑面积：271 600 m²

大综艺中央悦城位于龙平西路与长兴路交会
处，占地面积97 000 m²，建筑面积271 600 m²，其
中商业街2 777 m²、幼儿园3 000 m²、会所及社区
服务1 700 m²。规划为多层House、小高层以及高
层，前后分三期开发。

大综艺中央悦城以精确、简洁的几何美学表
达理性而深刻的奢华气质。直线与立方是运用最
多的造型手段。建筑立面以简洁的几何构造，凹凸
出丰富的空间感。层层退台，层层有私密，层层还
天空于花园。加上不同材质搭配组合，光线敏感地
进退其间，再现了现代建筑对自然、采光坚定而苛
刻的追求。

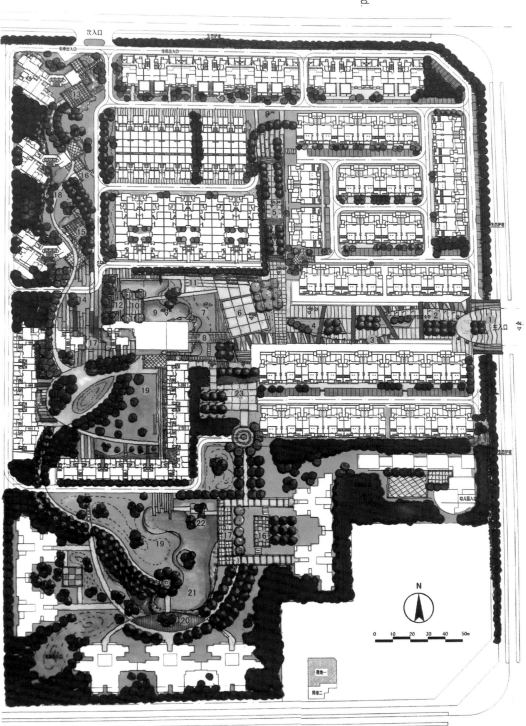

南京仙林大学城

项目地点：江苏省南京市
开发商：南京交通投资置业有限公司
建筑设计：北京别处空间建筑设计事务所
施工单位：江苏省建筑设计研究院
总建筑面积：124 700 m²

南京仙林大学城位于南京大城东，定位为南京三个新城之一。该地区是21世纪江苏省发展高等教育产业的重点地区。高档社区和科研机构错落分布，仙林大学城借鉴国外高尚人文社区的规划，以高起点、绿色人文为发展主题。

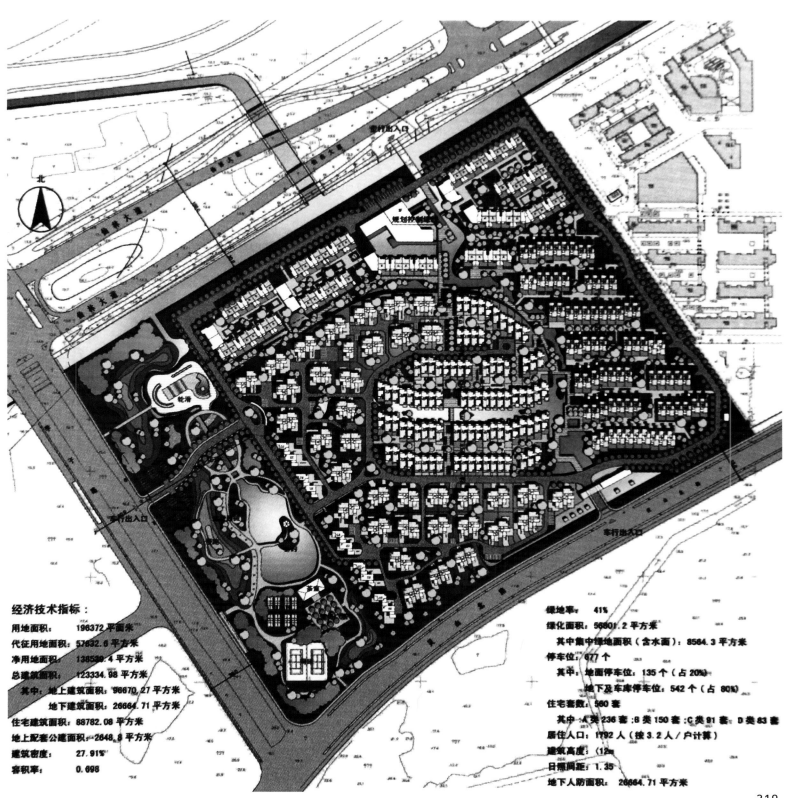

经济技术指标：

用地面积：   196372 平面米
代征用地面积：57632.6 平方米
净用地面积： 138539.4 平方米
总建筑面积： 123334.98 平方米
  其中：地上建筑面积：96670.27 平方米
  地下建筑面积：26664.71 平方米
住宅建筑面积：88782.08 平方米
地上配套公建面积：2648.9 平方米
建筑密度：   27.91%
容积率：   0.698

绿地率：   41%
绿化面积：   56801.2 平方米
  其中集中绿地面积（含水面）：8584.3 平方米
停车位：   677 个
  其中：地面停车位：135 个（占 20%）
  地下及车库停车位：542 个（占 80%）
住宅套数：   560 套
  其中：A 类 236 套；B 类 150 套；C 类 81 套；D 类 83 套
居住人口：   1792 人（按3.2人／户计算）
建筑高度：   12层
日照间距：   1.35
地下人防面积：26664.71 平方米

佛山时代依云小镇

项目地点：广东省佛山市
开发商：时代地产控股有限公司
规划/建筑设计：瀚华建筑设计有限公司
景观设计：易道（香港）环境规划设计有限公司
占地面积：100 000 m²
总建筑面积：80 000 m²
容积率：0.8
绿化率：30%

　　时代依云小镇位于佛山狮山大学校区内，依山临湖，环境幽雅。项目将欧洲最负盛名的极简主义别墅产品以创新手法移植入狮山，融合人文、生态、健康、时尚四大元素，打造252户山水生态别墅区。

　　252席纯山地别墅依山而建，随山体高低起伏，保留了最原始的生态坡地地貌，承继三个湖两座山的灵动。联排别墅每户均有30 m²的私家花园式泳池，叠加别墅有6 m高的空中廊苑，让别墅生活更具趣味与活力。豪华主卧室、大尺度空间、超大景观露台都南北通透，以营造舒适的生活环境。

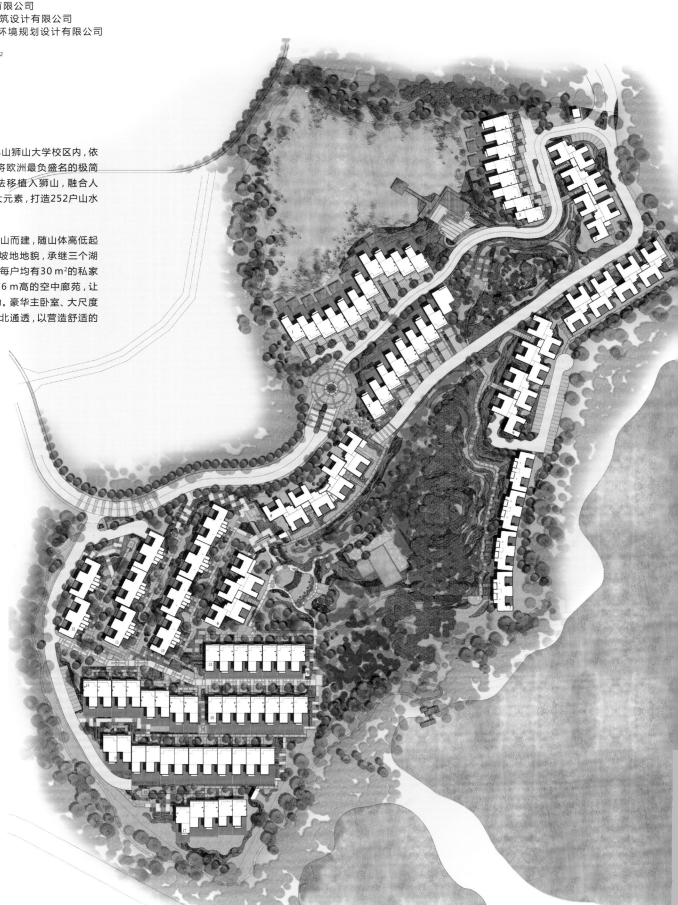

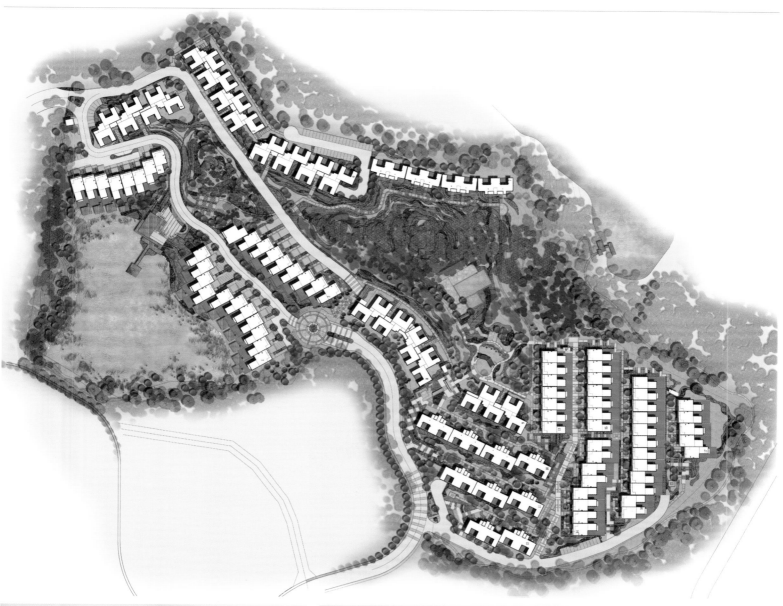

彭州通济镇灾后重建

项目地点：四川省成都市彭州通济镇
开发商：成都市兴城投资有限公司
建筑设计：中国建筑西南设计研究院有限公司
主设计师：高连峰、何晓军、黄陆、田韩炜、陈昇

通济镇位于彭州市西北部，是彭州市北部山区的一个中心场镇，东接丹景山镇，西接小渔洞镇，南接新兴镇，北接龙门山镇和白鹿镇，地理位置独特，交通便利。

根据当地农民的意愿，项目既设计了联排式住宅，也有单元式住宅。安置点总平面规划按照组团式布局，围合成半私密性的院落，形式多样，高低错落，以产生归属感与安全感。相邻住宅单元在建筑材料、色彩、细部、屋顶等各不相同，形成了丰富的住区环境，而且每一个安置点都具有自己的特色和风格。所有安置点都以组团院落为主要布局方式，每个组团20~30户。所有地块均设有各自主入口，并设有环形道路。

崇德二期安置点

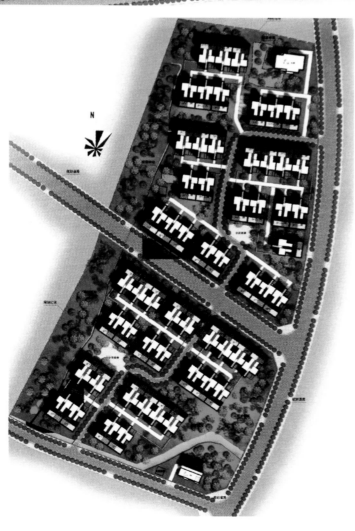

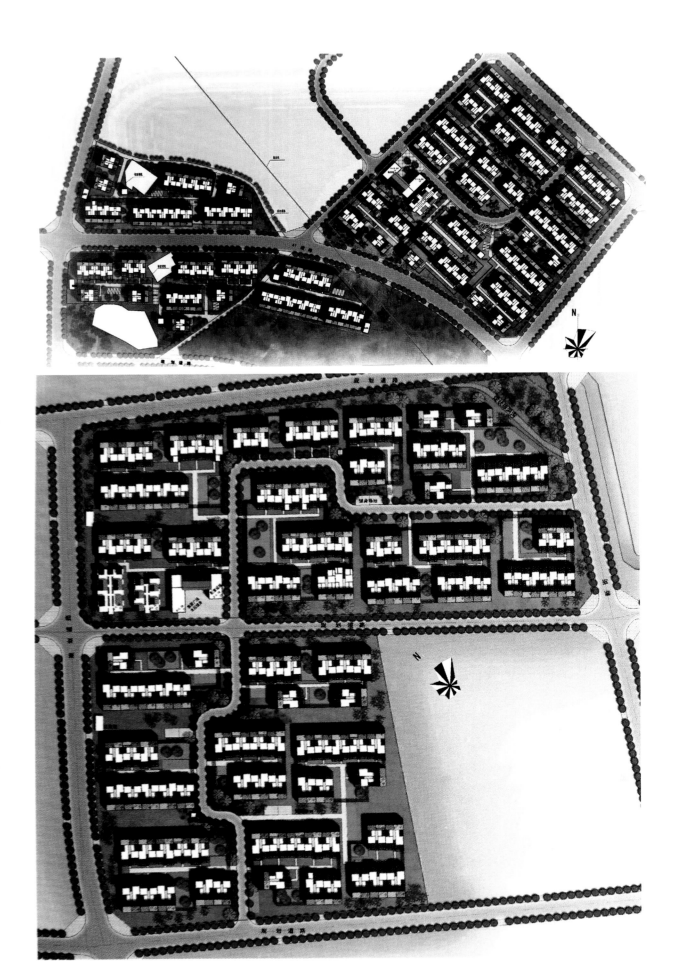

景德一期安置点

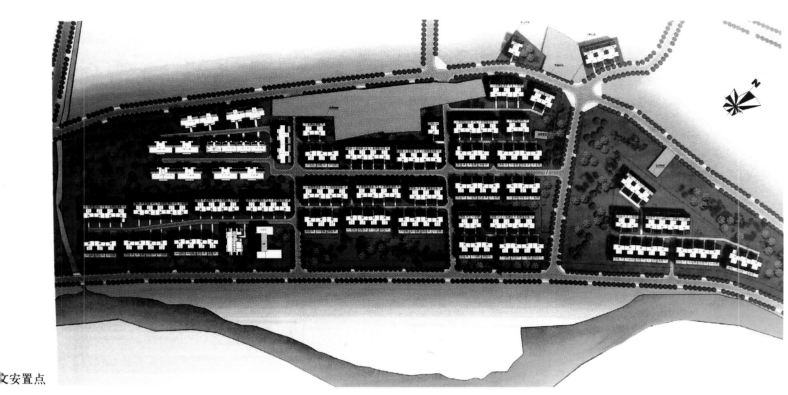

文安置点

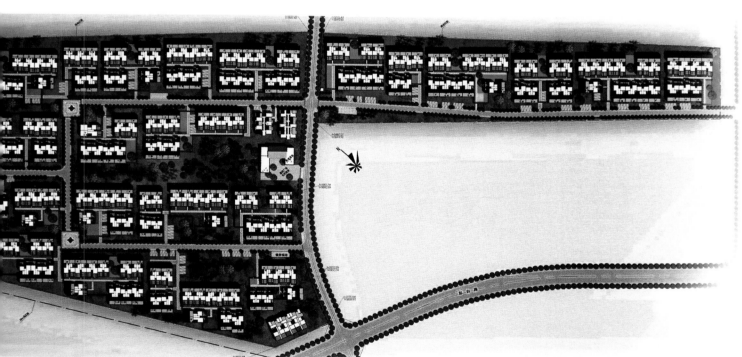

桥楼安置点

上海保利·五月花

项目地点：上海市
开发商：保利地产

　　保利·五月花作为保利地产集团上海发展的重点项目，总建筑面积约30万 m²，位于上海嘉定菊园新区东部，属于大型综合性高端社区。住宅产品包含有英伦联排别墅、生态花园洋房和现代简约公寓，还包括6万 m²的社区商业配套。项目设有嘉定地区唯一的、具备国际一流规划设计和设备的、建筑面积为3 000 m²的大型时尚主题运动会所。

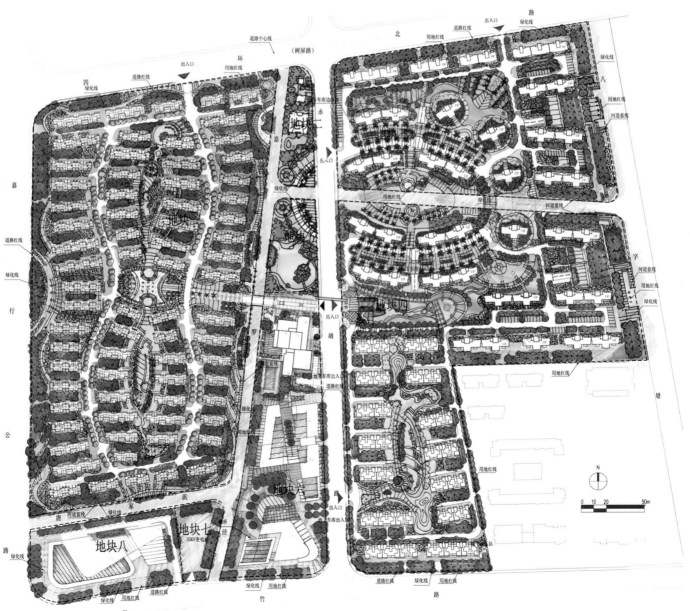

广州中海金沙熙岸

项目地点：广东省广州市白云区
开发商：中海发展（佛山）有限公司
建筑设计：梁黄顾设计顾问（深圳）有限公司
景观设计：贝尔高林国际（香港）有限公司
室内设计：广州源创品格装饰设计工程有限公司
占地面积：190 000 m²
总建筑面积：410 000 m²

中海金沙熙岸位于广州西部金沙洲板块，紧邻800 m长珠江上游黄金江岸风景画廊，占据广佛都市圈的核心位置。项目总用地面积约19万 m²，规划总建筑面积41万 m²，产品主要包括联排别墅、高层住宅等，将开发成为广州西部大型标志性的生态景观豪宅社区。

中海金沙熙岸在建筑设计上，采用国际化的超前规划，延继高雅的法式建筑艺术、精心雕琢的欧陆酒店度假式水景园林，大量应用珍贵天然石材，缔造永不褪色的新古典艺术建筑经典。在户型设计上，建筑面积为280～360 m²。每户除了享有前庭后院、侧向地坪花园、下沉式阳光中庭别院外，更拥有退台式空中花园和大型主卧江景露台。

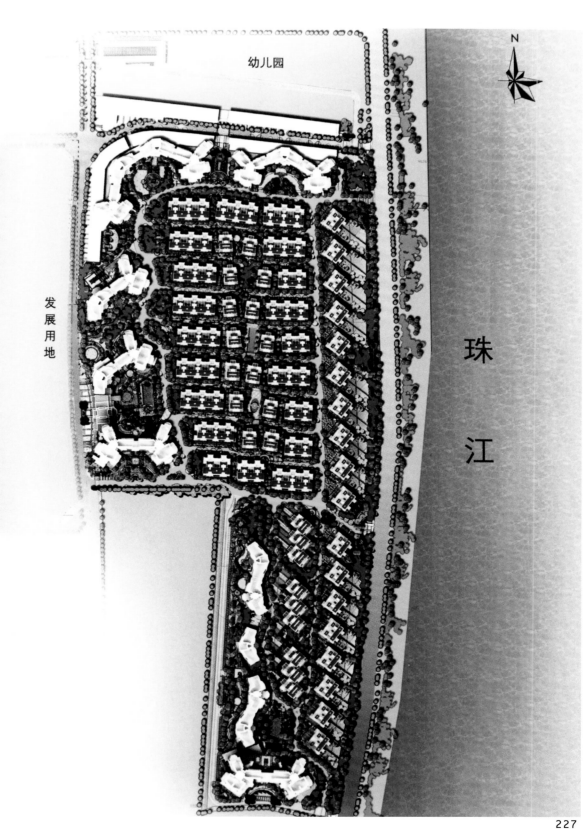

上海海德花园（二期）

项目地点：上海市
建筑设计：城脉建筑设计（深圳）有限公司
占地面积：202 7602 m²
总建筑面积：202 717 m²

　　海德花园（二期）将在一期的基础上，传承与创新，借鉴与超越，打造一座与宝山西城区生态、人文环境相协调的，高起点、高标准、高品质的精品生态住宅社区。

　　打造混合社区的概念，构建和谐社区；提出英伦设计整体风格形象，建立场所感，完善社区标志体系；规划强调和谐共生的生态理念。重点强调与城市空间的和谐，内部交通的和谐，社区自身的和谐。在充分研究不同住宅产品定位的基础上制定不同的设计策略，强调公共开放空间，并结合景观设计大量充裕的室外活动场地。

北京东方太阳城

项目地点：北京顺义区
建筑设计：北京维拓时代建筑设计有限公司
合作设计：美国SaSaKi
占地面积：1 230 000 m²
总建筑面积：830 000 m²
容积率：0.66
绿地率：42.4%

　　东方太阳城是以老年人为居住主体，按"全新退休生活领跑者"的开发理念进行设计的国内最大的老年社区。

　　东方太阳城的规划设计以"阳光、绿地、水面"为主题，采用开放空间的结构，各类建筑按功能与造型的差异分别集中，形成统一和谐又各具特色的七个主要社区组团。规划设计利用绿色生态手段，结合地势设计了占地面积近160 000 m²的水体，起到雨水的收集与排放、防洪调蓄、改善小气候的作用。设计采用低密度开发，形成由公共领域向私密空间逐级过渡的空间体系，有效地保证老年社区的居住品质和自然健康的生态环境。

北京石景山五里坨建设区

项目地点：北京市
规划设计：北京中联环建文建筑设计有限公司

北京石景山五里坨建设区的北、东、南三面被绿色的天泰山环抱，地势从东北到西南逐渐变得平缓，自然绿化就山势而下，蔓延到整个建设区，环境十分优美。五里坨地区有着很好的自然环境和旅游资源，具有成为休闲娱乐区的先天条件。

建设区内规划用地被特殊用地和山体分成四个区域，规划上每个区域都有各自独特的功能，西部地势最低的部分靠近丰沙铁路有产业发展园区，北部有教育科研产业园区，东南有傍山旅游度假村，东部山上为会议和休闲旅游区。教育科研产业园、产业发展园区、傍山旅游度假村、休闲旅游会议区都可以给当地居民提供大量的就业培训和就业的机会。

居住用地分散在整个建设区并穿插在各功能区域中，形成了很好的街区生活气息。建设区西部为经济型住宅区，可以为建设区吸引以及稳定人才提供安居条件，同时为山上村落拆迁安置提供了条件。山上的自然村拆迁后，可以对原自然村用地进行地表养护、绿化恢复，使山上的自然绿化风貌更加完整。而且在建设区山脚下，建设高档住宅小区，既提升了整个建设区的生活品质，又保护了自然环境。

肇庆德庆盘龙峡天堂度假区

项目地点：广东省肇庆市
景观设计：广州市汤物臣·肯文设计事务所
主设计师：谢英凯
占地面积：666 666 m²

　　度假区中数十座山寨式别墅群错落有致
地分布在丛林流水、繁花绿叶之间。度假酒店
大量使用天然石材，设计师别具匠心地展示着
巧夺天工的天然艺术品，将天地万物间最原始
的相互融汇交错表达得淋漓尽致，发人深思。
玻璃与竹子错落排列组成半透明的天花幕墙，
实现了人与自然最真实和谐的零距离接触。巧
妙地融合了现代建筑和中国传统建筑的匠心
精髓，令宾客置身于白天绚烂夺目的阳光中抑
或夜晚壮阔宁静的星空下，想起年少意气风发
抑或风烛之年心底淡淡的思绪感慨。

成都中海·龙湾半岛

项目地点：四川省成都市龙腾中路8号
开发商:中海兴业(成都)发展有限公司
建筑设计：梁黄顾设计顾问（深圳）有限公司
占地面积：133 230.15 m²
总建筑面积：364 003 m²
容积率：3.20
绿化率：30%

　　项目是典型的原生半岛社区，包含临河双拼别墅、独户叠拼别墅、半岛景观高层、岛心河景高层四大产品线。建筑设计为厚重典雅的新古典主义风格，结合地块特点，将现代、古典、经典三种风格浑然相融，且层次分明地展现于清水河畔，使清水河景观资源最大化地呈现给社区。

　　中海·龙湾半岛是成都中海系第四代产品的标版。首次推出的紫园组团由四栋18层高层景观住宅半围合而成，视野开阔通透，楼栋间最宽楼间距高达150 m。近可观园区景观，远可眺都市繁华。户型建筑面积为90~160 m²，充分满足了市场的需求。

总体建筑规划平面图

比例尺

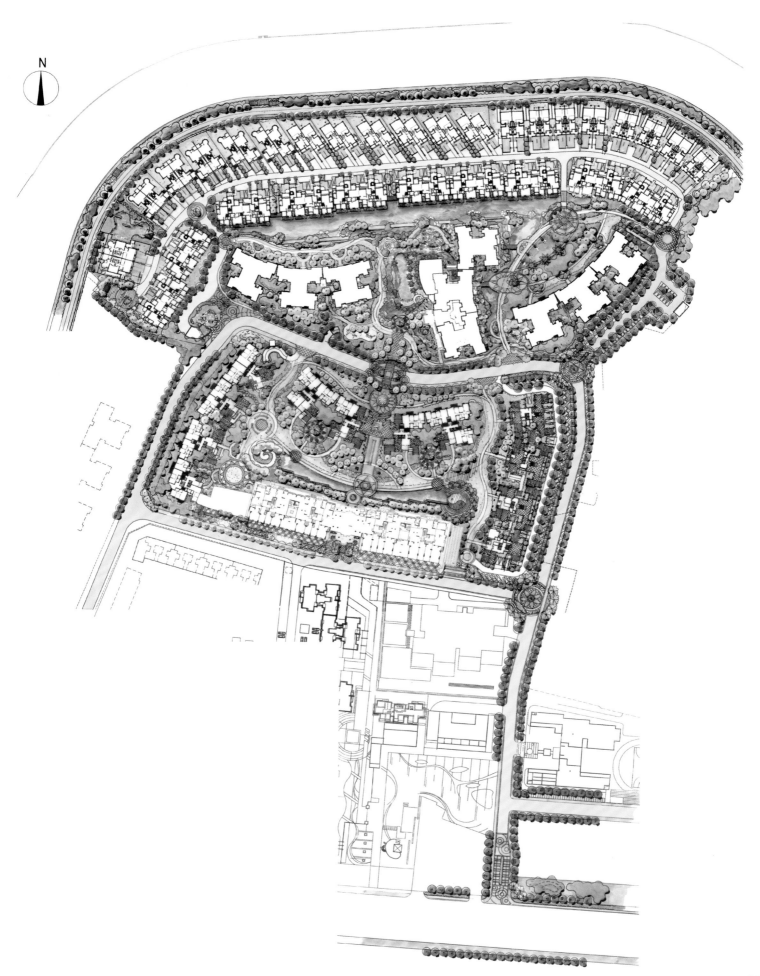

苏州太湖·帕提欧

项目地点：江苏省苏州市
开发商：苏州东兴房地产开发有限公司
建筑设计：博创国际（加拿大）建筑设计事务所
一期占地面积：65 637 m²
一期总建筑面积：71 700 m²

　　太湖·帕堤欧滨临太湖，南望东山，北眺木渎景区，环境非常优美。在太湖·帕提欧社区内，有环太湖的养生别墅和养生公寓。首次推出的五层电梯花园洋房，这在太湖周围的建筑群里，是独一无二的。

　　太湖·帕堤欧采用中心绿地、组团绿地、道路绿地的分布原则，小区内交通最大程度上实现人车分流，以减少人车互相干扰，保证交通安全和消防救护要求，让业主感受到最大的人性化关怀。

海口宝安江南城三期

项目地点：海南省海口市海甸岛
开发商：中国宝安集团
建筑设计：海南华磊建筑设计
景观设计：苏州三川营造有限公司
占地面积：278 585 m²
总建筑面积：224 260.93 m²
容积率：0.805
绿化率：42.7%

　　江南城是一个现代中式建筑，既保留传统
中式建筑的外在形态和苏州园林特色，又结合西
式别墅的内部空间形态，追求传统与现代的和谐
统一。

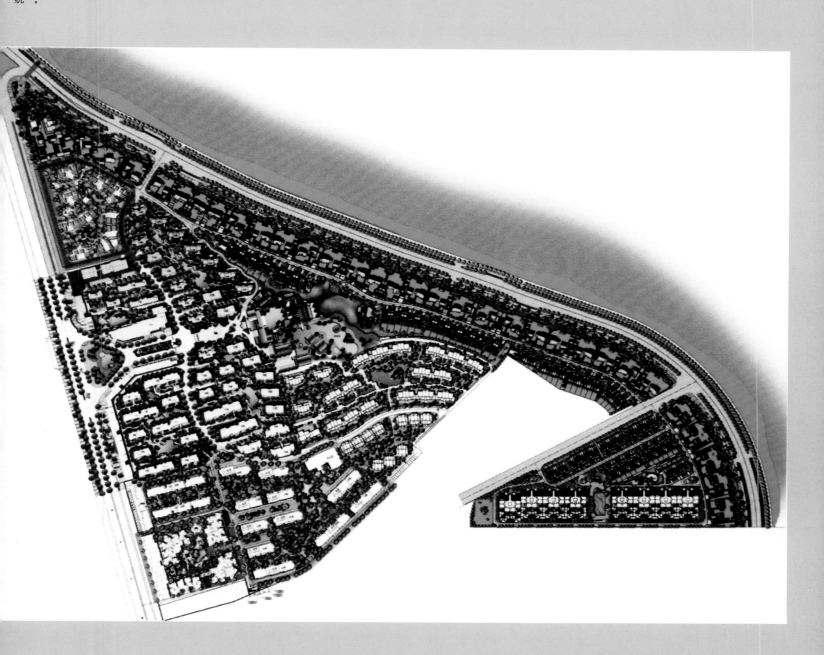

三亚东和福湾

项目地点：海南省三亚
开发商：海南海兴房地产开发总公司
占地面积：66.7万 m²
总建筑面积：500 250 m²
容积率：52.7%
绿化率：0.5

　　东和福湾位于三亚东线高速福湾出口处，毗邻世界顶级酒店集群和301医院进驻的珍珠海岸，临近中国唯一的国家海岸——海棠湾，紧邻万丽与世知酒店，距离三亚凤凰机场仅40分钟车程，近邻三亚海棠湾轻轨站、"神州第一泉"南田温泉、国内顶级潜水基地——蜈支洲岛等著名旅游景点。

　　项目拥有3 k m绵长海岸线，集68~37 m²MINI泳池别墅、43~65 m²海景洋房、48~130 m²的一线海景公寓、洲际双五星酒店、南北区会所、海伦吧、商业街等于一体。

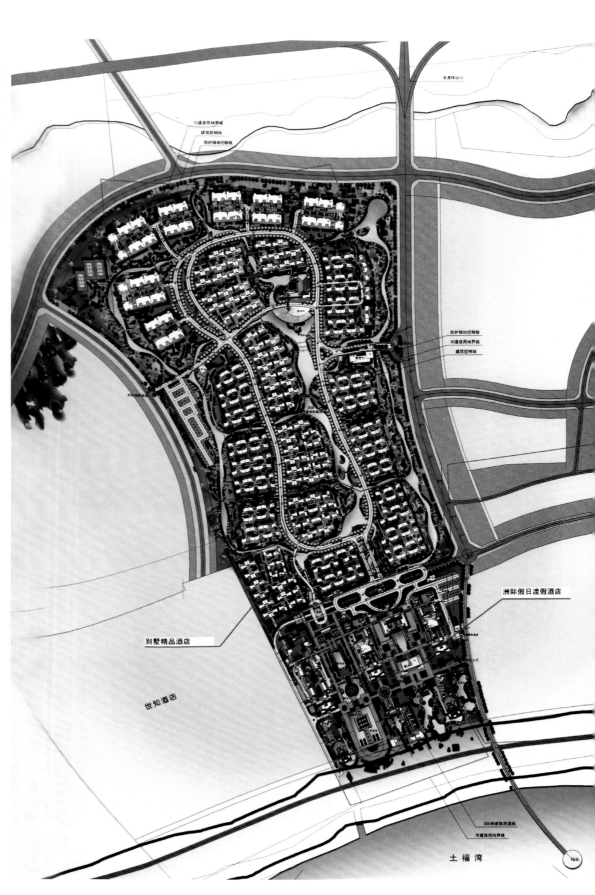